新时代
**数字经济**
系列教材

U0203907

# 数字科技与智能产品设计

陈旺　吴灿 ◎主　编
戴喆　史高帅　廖静 ◎副主编

清华大学出版社
北京

## 内 容 简 介

本书以理论为基础,以实践为导向,遵循设计概述、流程与方法、项目训练、案例赏析的编写路径,首先对数字科技与智能产品设计的概念、发展历史、相关技术、应用领域与未来趋势进行详细描述,突出主题;其次介绍智能产品设计的能力需求、设计原则、设计方法与设计流程等内容,将智能产品知识点以全面整体的观念引入课堂实践环节;再次从三个智能产品设计项目实训入手,以整体化思维了解课程概况、分析相应设计案例、总结课程知识点,在项目实训中了解智能产品的设计方法;最后从优秀案例赏析入手,以智能穿戴类、智能出行类、智能家居类、智能制造机器人类、智能农业类、智能城市类产品为例,学习设计智能产品的创造技巧与思路,提高读者设计审美,拓宽读者设计思维广度。

本书通过完整的项目实训与案例阐述智能产品的设计方法,培养读者智能化设计的思维能力与创新意识。无论是未来想要从事产品设计的专业人士,还是对智能产品设计感兴趣的业余爱好者,都可以从本书获得启发。

**图书在版编目(CIP)数据**

数字科技与智能产品设计/陈旺,吴灿主编.—北京:清华大学出版社,2024.2
新时代数字经济系列教材
ISBN 978-7-302-65293-9

Ⅰ.①数… Ⅱ.①陈…②吴… Ⅲ.①数字技术—高等学校—教材 ②智能技术—应用—产品设计—高等学校—教材 Ⅳ.①TP3 ②TB472

中国国家版本馆 CIP 数据核字(2024)第 014987 号

责任编辑:强　溦
封面设计:傅瑞学
责任校对:袁　芳
责任印制:曹婉颖

出版发行:清华大学出版社
　　　　网　　　址:https://www.tup.com.cn, https://www.wqxuetang.com
　　　　地　　　址:北京清华大学学研大厦 A 座　　　邮　　编:100084
　　　　社 总 机:010-83470000　　　　　　　　邮　　购:010-62786544
　　　　投稿与读者服务:010-62776969, c-service@tup.tsinghua.edu.cn
　　　　质量反馈:010-62772015, zhiliang@tup.tsinghua.edu.cn
　　　　课件下载:https://www.tup.com.cn,010-83470410
印 装 者:天津安泰印刷有限公司
经　　销:全国新华书店
开　　本:185mm×260mm　　　　印　　张:11.25　　　　字　　数:256 千字
版　　次:2024 年 2 月第 1 版　　　　　　　　印　　次:2024 年 2 月第 1 次印刷
定　　价:48.00 元

产品编号:099920-01

# *Preface* 前 言

党的二十大报告指出："加强科技基础能力建设,强化科技战略咨询,提升国家创新体系整体效能。深化科技体制改革,深化科技评价改革,加大多元化科技投入,加强知识产权法治保障,形成支持全面创新的基础制度。"在数字化背景下,科技的迅速发展为产品设计带来了前所未有的机遇与挑战。如何更好地将人工智能技术应用在产品设计中,创作出更加智能、创新、有情感温度的产品是值得思考的问题。

智能产品设计不仅是技术的运用,更是设计思维的彻底转变,这要求我们重新审视传统的设计方法与思维,从新的角度出发,以智能化手段,满足用户需求与体验为核心,创造出满足人们日常需求的智能产品。本书结合设计学专业要求,紧跟时代步伐,引导读者探索智能产品设计,充分洞察用户需求,满足个性化定制与功能优化,实现智能产品的情感化设计。

本书由陈旺、吴灿主编,负责架构设计及主要内容编写,参与编写的人员及分工如下:吴灿与郭晶共同完成第一章;陈旺与李钰共同完成第二章;戴喆与史高帅共同完成第三章;陈旺带领艾博、李心妍、马媛、罗艳、张坤函、厉子暄共同完成第四章内容的收集及整理;全书由廖静统稿。感谢吴雪灵、周小岚、张胜琪、袁朵、邬怡莎对本书的支持;感谢专注参评设计22年的顺德高瓴科技创始人高玲,以及詹马、王博、乐乎设计、郑皓、王年文、李志、吴鹏等为本书提供案例。

由于编者水平有限,书中难免存在不足之处,敬请广大读者批评、指正。

编 者

2023 年 12 月

# Contents 目 录

## 第三章　智能产品设计项目实训

## 第四章　优秀案例赏析

# 第 一 章

# 数字科技与智能产品设计概述

**本章概述**

本章围绕数字科技和智能产品设计的基础知识与理论展开,介绍数字科技和智能产品设计的相关概念、发展状况、技术支撑及应用领域的相关知识,阐述智能产品设计的功能、技术原理及在人们生活中发挥的作用,使读者明确智能产品设计课程的理论体系,为后期深入学习和实践打好基础。

**学习目标**

让读者对数字科技和智能产品设计之间的逻辑关系有立体认知,同时了解智能产品设计与其他学科领域间的关系,最终形成对整个课程的宏观认知,便于后续专业设计实践学习。

## 第一节  数字科技的概念与发展

### ▶ 一、数字科技的概念与政策支撑

#### （一）数字科技的概念

中国科学院科技战略咨询研究院认为,数字科技是一种利用物理世界的数据,通过运用算力和算法来创造、传递、管理和应用信息的技术。它包括各种数字化的技术和工具,这些技术和工具可以使数据变得更加易于收集、存储、处理、分析和传播,并且可以帮助人们更好地理解和应用数据。通过数字科技的应用,人们可以更加高效地解决问题、创新和发展,以推动社会和经济的进步。数字科技是基于计算机和数字化技术的一系列新兴技术和创新,包括人工智能、物联网、大数据、区块链、云计算、虚拟现实、增强现实等。数字科技的出现和发展,使得传统产业和业务得以数字化、智能化和自动化,提高了生产效率和质量,促进了工业转型和升级。同时,数字科技的应用也深刻地改变了人们的生活和工作方式,推动了社会的变革和进步。数字科技作为强大的创新工具,在金融、教育、科研、医疗等各行业的发展中发挥着关键作用。

#### （二）数字科技的政策支撑

全球化时代的科技政策以创新和国家创新系统建设为核心,近年来,人工智能、云计算、物联网等技术快速发展,推动主要工业国家提出面向智能制造的战略规划,包括德国"工业4.0"、美国"工业互联网"、中国"中国制造2025"等。技术正在助推制造业从数字制造向智能制造转型升级,2022年1月12日我国发布了《"十四五"数字经济发展规划》(以下简称《规划》),在《规划》中,数字经济被定义为继农业经济、工业经济之后的第三种主要经济形态,它是以数据资源为关键要素,以现代信息网络为主要载体,以信息通信技术融合应用、全要素数字化转型为重要推动力,促进公平与效率更加统一的新经济形态。根据《规划》,"十四五"期间,我国正处于数字经济转向深化应用、规范发展、普惠共享的新阶段。

### ▶ 二、数字科技的发展现状

数字科技的持续发展为各行各业带来了许多机遇和挑战,它已经深刻地影响了现代社会的各个方面,并将继续扩展和深化。数字科技的进步将推动产业创新、经济增长和社会进步。数字科技建立在互联网和实体经济的知识与数据基础之上,以前沿科技为动力,致力于实现实体经济与科技的深度融合,推进各行业的互联网化、数字化和智能化。数字经济已成为全球增长和科技创新的引擎,推动着数字科技革命。数字科技是人类社会和物理世界构成的二元结构向加入信息空间的三元结构转变的重大技术变革,它是继蒸汽机革命、电气革命和计算机通信革命之后的又一次重要变革。

## ▶ 三、数字科技的常见形式

### （一）人工智能

人工智能（artificial intelligence，AI）是一门新兴的技术科学，旨在研究和开发能够模拟、延伸和扩展人的智能的理论、方法、技术及应用系统等。在过去60年的发展历程中，人工智能已经成为数字科技中发展势头最强盛的领域之一，并广泛应用于金融、医疗、交通等多个行业。随着技术的进步，人工智能的理论和技术日益成熟，并不断扩展其应用领域。现在，人工智能已经能够模拟人类意识和思维的信息过程，成为科技领域的重要热点和发展方向。

1. 人工智能在电子商务领域的应用

人工智能已经广泛应用于电子商务领域，并在以下几个方面表现出优异的效果：智能客服机器人、搜索引擎、图片搜索、库存智能预测、智能分拣、走势预测和商品定价。各大电商巨头，如亚马逊、阿里巴巴和京东等，正积极利用AI技术来优化电商平台，提高行业竞争力。它们陆续推出智能客服机器人服务目标客户，采用视觉人工智能平台和视频信息平台等推荐机制，以及推出智能化的运输物流产品等。电商巨头正在利用人工智能技术的快速发展，推出各种具有特色的应用，以改善它们的业务交易、客户维系和客户满意度等方面的效果。例如，阿里巴巴的"DTPAI"视觉人工智能平台，以及京东的"钟馗系统"和"文字识别系统"。随着人工智能的不断发展，它对电子商务行业的影响将越来越大。同时随着时间的推移，电子商务在人工智能的不断作用下发展将更加广阔。

2. 人工智能在导航领域的应用

人工智能在导航领域中的应用已从智能手机应用发展到汽车导航系统和无人驾驶技术。根据麻省理工学院的研究成果，GPS（全球定位系统）技术已被广泛应用于导航领域，为客户提供准确、实时、详尽的定位信息，以增加出行的安全性。人工智能技术则运用了卷积神经网络和图神经网络的结合体，通过自动识别道路类型和检测障碍物之后的车道数量，进而改善用户出行体验。众多物流企业都采用了大量基于人工智能的应用方案，分析道路交通状况并优化出行路线，以提高其运营效率。

3. 人工智能在机器人领域的应用

人工智能在机器人领域的应用涵盖了机器人的运动、感知、决策等多个方面。例如，Unitree Robotics公司的仿生四足机器人采用超感知系统，既能实时更新对路径中障碍物的感知，又能快速预先规划其行程（见图1-1）。人工智能和机器人技术一直是人类不断探索的领域，未来将有更多的创新和发展。通过人工智能、深度学习、虚拟现实和增强现实等技术，机器人的运动、感知和决策等方面的性能将得到进一步提升。这将为机器人的应用场景带来更广阔的发展空间，也将为人类创造更多的便利和价值。

4. 人工智能在农业领域的应用

人工智能在农业领域的研发和应用早在20世纪初就已经开始了。这些应用包括耕作、播种、采摘等智能机器人，智能探测土壤、探测病虫害、气候灾害预警等智能识别系统，以及在家畜养殖业中使用的禽畜智能穿戴产品等。这些应用正在帮助人们提高农业产出和效率,同时减少对农药和化肥的依赖,实现可持续的农业发展。例如,人工智能可通过辨识土壤中的元素缺陷去解决到底是何种养分缺乏的痛点问题。这是使用计算机视觉、机器人技术和机器学习应用完成的,除此之外,人工智能还可以分析杂草生长的位置。农业无人机、智能农业机器人(见图1-2和图1-3)等所运用的人工智能技术可以帮助劳动者以更大的范围和更快的速度种植、收获农作物。

图1-1 仿生四足机器人的超感知系统

图1-2 农业无人机

5. 人工智能在智能家居领域的应用

在智能家居领域,人工智能广泛应用于音箱、电视、手机等。人工智能可以分析用户的行为模式,自动控制室内环境,包括调整设备、播放音乐等,提高用户的使用便捷性和舒适度,如生活中已普遍应用的天猫精灵、小度、小爱同学等。人工智能也可以根据环境进行自动调节,如ZD ONE智丽高端智能晾衣机(见图1-4)具有智能控制、自动感应、远程控制、智能调度等功能。智能控制功能使用户可通过语音、应用或手势控制升降、风速等。自动感应功能是指传感器可感知环境和衣物状态,自动启停风扇,避免能源浪费。远程控制功能允许用户在任何地方管理晾衣机状态。智能调度功能可根据季节、天气等因素自动调整晾衣时间和温度,提高效率。这种智能晾衣机不仅提高了家居设备的智能化水平,也为用户提供了更便捷、高效的晾衣体验。未来,随着科技的发展,人工智能的应用将进一步推动智能产品的创新和发展,提供更强大的智能化能力、更好的人机交互体验和更加精细的个性化定制服务。

图1-3 智能农业机器人

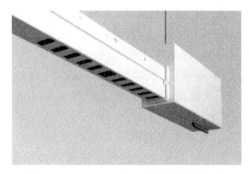

图1-4 ZD ONE智丽高端智能晾衣机

## （二）区块链

区块链（block chain）是一种去中心化的数据库技术，是由一系列块（block）组成的链（chain），每个模块包含多个交易的记录和其他元数据。这些块按时间顺序连接在一起，形成了一个不可更改的、分布式的账本。每个模块都包含一个哈希值，用于保证其数据的完整性和不可篡改性。

随着区块链技术的不断发展和成熟，其应用也越来越广泛，主要有金融和支付、物联网、物流和供应链、版权保护、医疗保健、不动产领域等。区块链可以用于加强金融安全、提高交易速度和降低成本，如比特币和以太坊是常见的数字货币，可用于进行加密货币交易。另外，区块链可以用于实现跨境汇款（见图1-5），如瑞波币（Ripple）和恒星币（Stellar）。

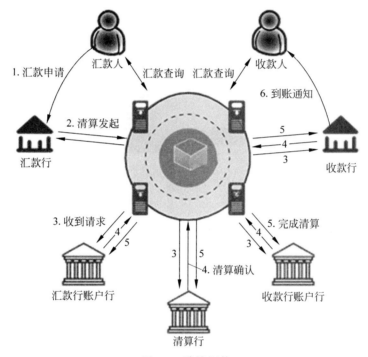

图1-5 跨境汇款

在物联网领域，区块链可以用于管理物联网设备和传感器，有助于提高数据安全，实现隐私保护。例如，Vechain（见图1-6）是一个基于区块链技术的企业级平台，可帮助企业和组织实现数字化转型和供应链管理，其核心技术是基于区块链的分布式账本技术，能够实现数据的去中心化、安全、透明和可追溯性。

区块链可用于追踪商品的生产和运输过程，实现供应链的透明和安全。例如，Walmart和IBM合作开发的Food Trust平台（见图1-7），用于追踪食品的来源和运输过程。

区块链可用于实现数字版权保护。例如，Ascribe平台基于区块链，记录艺术品和数字作品的版权信息和交易记录，平台可以帮助艺术家和创作者创建数字指纹，记录他们的版权和知识产权，从而防止他们的作品被盗版或未经授权被使用。

图 1-6  Vechain

图 1-7  Food Trust 平台

在医疗保健领域,区块链可用于管理医疗保健数据和医疗保险索赔。例如,基于区块链的医疗数据管理平台 MediBloc(见图 1-8),可实现医疗数据的安全共享和管理,改进医疗数据的管理和交换方式。

图 1-8  MediBloc

区块链也可以用于管理不动产的交易和登记过程。例如,纽约市房地产板块 REX 是一个基于区块链的不动产交易平台,其应用场景涵盖了房地产投资领域,包括商业房地产和住宅房地产等。

## (三) 云计算

云计算(cloud computing)是一种基于互联网的计算模式,通过远程的计算资源和服务,让用户能够随时随地利用互联网的技术和资源进行数据存储、处理和传输等操作。云计算现已被广泛应用,涉及数据存储、企业应用、虚拟化和云安全等多个领域。云计算能够提供高可靠性、高可用性的存储服务,通过备份数据减少数据丢失的风险。此外,云计算还能实现虚拟化,用户可以通过云平台租用虚拟服务器、虚拟存储等资源,以更低的成本获得更好的性能和更高的灵活性。

云计算技术也提供了全方位的安全保障,包括网络安全、数据安全、身份认证和风险管理等服务,以确保用户的信息安全和业务连续性。例如,云应用(cloud application)是一种基于云计算平台开发和运行的应用程序,可以通过互联网访问和使用。常见的云应用产品包括微软 Office 365、谷歌 G Suite 等(见图 1-9)。

图 1-9　微软 Office 365、谷歌 G Suite

云计算还通过提供数据分析和人工智能服务,为用户提供准确的数据分析结果和预测,帮助用户做出更明智的业务决策。同时,云计算也实现了人工智能应用,如图像识别、自然语言处理和语音识别等服务。存储云为用户提供存储容器、备份、归档和记录管理等服务,极大地方便了资源管理。教育云是另一个重要的应用领域,是将教育硬件资源虚拟化并传输到互联网中,为教育机构和学生提供方便快捷的平台。在线教育已成为教育云的一种应用,在国际上的代表是 Coursera、edX 和 Udacity,国内的代表则是中国大学 MOOC 等平台(见图 1-10)。

图 1-10　Coursera、edX、Udacity 和中国大学 MOOC

## (四) 大数据

大数据(big data)是指数据集合的规模庞大、种类繁多、速度快、价值密度低的数据资源。由于传统数据库管理工具无法有效地处理和分析这些数据,因此需要使用大数据技术和工具进行处理和分析。

大数据技术和工具包括 Hadoop、Spark、NoSQL 数据库、数据挖掘和机器学习算法等。这些技术和工具可以协助处理和分析大规模数据,从中发现隐藏的模式和关系,为企业决策提供支持。金融行业是大数据应用的重要领域之一,可使用大数据技术来进行风险管理、欺诈检测和个性化营销;零售行业也是大数据应用的典型领域,利用大数据分析顾客购物习惯和偏好,预测顾客的购买意愿和需求,从而开展个性化营销和商品定位;电商平台利用大数据技术来分析用户购物历史和浏览行为,推荐相似的商品和优惠券,提升用户购买转化率;医疗领域利用大数据技术进行疾病预测、诊断和治疗。具体来说,医疗机构可以利用大数据分析患者的医疗记录和基因数据,开展精准医疗和个性化治疗,提高治疗效果和生命质量。

例如,华为公司推出的大数据平台华为盘古(huawei pangu),为企业提供全面的大数据解决方案,包括数据采集、数据存储、数据处理和数据分析等功能。华为云 2021 年 4 月发布的盘古系列超大预训练模型包括中文语言(NLP)、视觉(CV)大模型、多模态大模型、科学计算大模型,旨在打造一种全新的"工业化开发"模式(见图 1-11)。

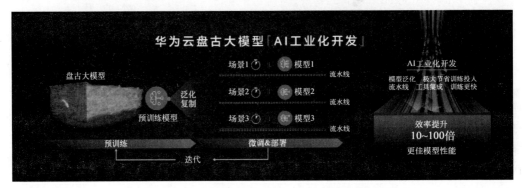

图 1-11 华为云盘古电力行业预训练模型比较图

## (五)物联网

物联网(Internet of things,IoT)起源于传媒领域,是信息技术产业的第三次革命。物联网是指通过信息传感设备,按照预定的协议将任何物体连接到互联网,实现物体之间的信息交流和通信,以及智能识别、定位、追踪和监控等功能。物联网的概念在 2013 年后才真正进入实质推进阶段。物联网的应用领域非常广泛,主要包括运输和物流、工业制造、健康医疗、智能环境(家庭、办公、工厂)、个人和社会领域等。例如,在物流运输中,物联网技术可以实时监测和管理物流,提高效率并降低成本;在工业制造中,物联网技术可以用于自动化生产线和设备的监测和控制;在健康医疗领域,物联网技术可以用于远程医疗和智能医疗设备的监测和管理。

1. 物联网在智能家居中的应用

智能家居是一种物联网技术与通信技术相结合的智能化家居系统,能够实现全屋智能设备之间的互联互通,为用户提供高效便捷的智能生活体验。例如,华为全屋智能(见图 1-12)是一款优秀的智能家居解决方案。该方案的核心是全屋智能主机,具备稳定可靠的 PLC(power line communication)全屋网络和高速全覆盖的全屋 Wi-Fi,支持丰富的可扩展鸿蒙生态配套,可以对全屋环境、用户行为和系统设备等进行分布式信息处理和智能决策。

2. 物联网在智慧交通中的应用

智慧交通是通过整合物联网、互联网、云计算等智能传感技术、信息网络技术、通信传输

图 1-12 华为全屋智能

技术和数据处理技术,将其应用于整个交通系统中的概念。其主要特征是高度集成信息技术,以及综合利用智能传感、通信传输和数据处理等各种信息资源,以实现交通系统的智能化和高效化目标。

2020 年,国内发布了首个智慧交通物联网平台,该平台通过全系列物联网硬件设施(如智慧锥桶、事故车盒、执法一体化快速封路器等)和智慧交通物联网软件平台,以数字化手段帮助道路交通从业者(交警、道路养护工、道路施工方)更安全、高效地工作。该平台通过设备和软件的互联互通,实现对道路交通的全面感知、实时监控和智能管理,包括交通流量监控、交通信号控制、事故预警和处理、违法行为监管等功能,从而提高交通安全和道路畅通程度。该平台的推出标志着物联网技术在智慧交通领域的广泛应用,未来还有望进一步推动交通行业的数字化转型和升级(见图 1-13)。

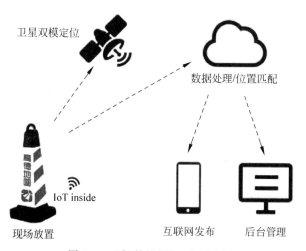

图 1-13 "智慧锥桶"工作示意图

3. 物联网在智慧城市中的应用

智慧城市是物联网的核心应用领域之一。物联网为智慧城市提供实时感知、智能化管理和优化决策等技术支持。物联网技术在环境、交通、能源、公共安全等方面提供各种感知设备和数据采集方式,通过大数据分析和人工智能算法等手段,监测和分析城市的运行状态,为城市决策者提供科学决策的基础。智慧城市是物联网发展的重要驱动力,物联网技术的进步也为智慧城市不断升级提供了更多可能性。

新型智慧城市物联网平台是智慧城市大数据平台的重要补充,因为大数据平台主要解决结构化数据的存储和共享,对非结构化和物联感知设备的管理存在一定的缺陷。而物联网平台则可实现感知终端的统一接入,支持各种物联网应用,将城市数据实时采集并汇聚起来,进行存储、治理、挖掘和提取,以分析出准确、有效的信息,并对紧急风险进行及时反向控制。综合分析各类数据可以帮助城市管理者做出科学的决策,从而提高城市管理的水平。物联网平台通过物联网技术和各种传感器终端产品来实现这些目标。

## ▶ 四、数字科技的相关专业领域

### (一)数字科技与工业设计

工业设计是一种战略性解决问题的过程,通过创新的产品、系统、服务和体验,回应社会、经济、环境及伦理方面的问题,旨在创造一个更好的世界。同时,工业设计也是驱动创新、成就商业成功的重要因素。随着数字科技的发展,工业设计的创新方式和手段也在不断地演变和扩展,数字科技为工业设计提供了更多的创新空间和可能性。因此,数字科技工业设计的发展是非常重要的,它能够推动工业设计的不断创新,为社会和经济的发展带来更多的机遇和价值。数字科技可实现数字化设计和生产,以提高产品设计质量和生产效率。在工业设计行业中,数字建模和仿真可用于快速验证产品性能和生产工艺,从而减少制造样品所需的时间和成本。数字化制造可实现高效、精确的生产过程,以降低生产成本和质量风险。例如,汽车生产商可以应用数字化技术进行车身外形、座椅、仪表盘等方面的设计(见图1-14);机器人技术和自动化生产线等数字化工具的应用,能够显著提高汽车制造的效率和质量(见图1-15);数字化建模和仿真技术的应用也使设计师能够更好地进行产品设计和测试(见图1-16),并直接将设计结果转化为3D打印文件进行生产,大幅提高了生产效率和产品品质,计算机辅助设计的支持也使设计师可以将更多的精力放在工业设计的分析和创意等方面。

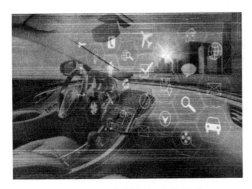

图1-14　数字科技与汽车设计

图1-15　数字科技与汽车制造

图 1-16　数字科技与产品测试

　　工业设计专业的学习范围广泛,涵盖了人机工程学、设计心理学、模型制作、计算机辅助工业设计、产品形态设计、数字化设计、展示与陈设设计等多个主要课程模块。随着科学技术的发展,数字科技已融入各个课程模块中,成为工业设计教学中不可或缺的一部分。例如,数字化设计已经成为工业设计教学中的核心课程之一,学生需要掌握计算机辅助设计工具的使用,能够运用数字技术进行产品设计、模拟、渲染和制造等多个方面的工作。此外,数字科技还在人机工程学、产品形态设计等多个课程模块中得到应用,为学生提供了更加全面和丰富的工业设计学习体验。因此,数字科技已经成为工业设计专业中不可或缺的一部分,是工业设计教育和实践的必备技能之一。在传统工业设计中,设计结果往往高度依赖于设计者的美术技能水平,这让工业设计专业的学生和设计师不得不花费大量的时间和精力来提高自己的美术技巧。同时,在设计的过程中,图形的绘制和修改也需要耗费大量的时间和精力。采用数字化设计技术,设计师可以利用三维雕塑,快速完成原本必须依赖于画笔和特殊技能才能完成的效果图表现与模型制作,从而大大减少了对传统美术技巧的依赖,如图 1-17 所示。数字化设计技术不仅能够弥补设计者之间存在的美术技巧差异,使设计作品更加一致和统一,还能缩短制图时间,提高工作效率。此外,数字化设计技术可以使设计对象的透视和阴影关系更加准确,生成的模型更加精确、美观,所包含的信息也更加丰富。这样,设计师就可以有更充裕的时间来考虑设计的细节问题,从而提高设计的质量和效率,为设计师提供更大的设计空间和自由度,让他们的想象力和创作欲望得以自由发挥。

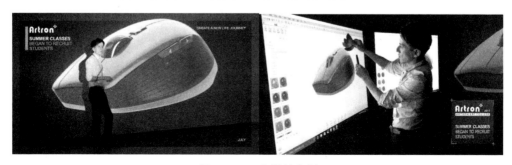

图 1-17　工业设计案例

数字科技对工业设计及专业发展产生了广泛而深刻的影响,是从技术手段到设计理念的全方位升级,是现代工业设计不可或缺的一部分。随着数字科技不断发展,工业设计需要与时俱进,借助数字化技术的创新推动工业设计技术和理念的跨越式发展,进而为工业生产和人类社会的发展做出更为重要的贡献。

### (二)数字科技与室内设计

在 20 世纪 90 年代之前,室内设计主要采用传统手工方法,通过使用纸张、笔和尺子绘制施工图和效果图。随着数字科技的飞速发展,20 世纪 90 年代以后出现了新的三维软件和渲染器,它们引领了室内设计领域的变革。时至今日,通过数字手段和虚拟现实技术,室内设计师可以更加直观地表达设计想法,为人们呈现出更美好的视觉效果和审美体验。

数字化表现技术的引入,让室内设计视觉表现获得了新的提升。例如,传统室内设计通常采用手工绘制效果图(见图 1-18),容易出现亮度不足或过亮的问题,难以精确地反映设计师的想法,也难以满足客户的主观需求。数字化表现技术可以更加精准地掌握灯光的冷暖和层次配置,避免了光源设备选配和厂商差异等问题,让效果更加丰富多彩,冷暖分明。在早期室内设计数字教学中,传统的 CAD、PS、3ds Max 等软件发挥了重要作用,用于制作家装效果图(见图 1-19)。随着时代的发展,室内设计教学对于更为先进的数字教学软件的需求也日益增长。为了满足这一需求,一些更先进的数字教学软件已经出现。目前,最常见的参数化设计软件包括基于 Rhino 平台的 Grasshopper 和基于 Microstation 平台的 Generative Components。这些软件代表了现代参数化软件的典型应用,提供了更灵活和高效的设计工具,能够帮助设计师在室内设计过程中实现参数化和自动化设计,从而提升设计的创新性和效率。

图 1-18　手工绘制效果图

图 1-19　家装效果图

### （三）数字科技与公共环境设计

数字科技为公共环境的管理和改善提供了有力支持。数字化的城市规划和智能交通系统可以提高城市运行的效率,减少交通堵塞和环境污染。智能能源管理系统可以最大限度地利用能源,减少能源的浪费和损失。数字化的环境监测系统可以实时监测环境状况,快速响应环境问题并采取相应措施,提高环境保护效率。此外,数字科技还可以通过公共信息公开和公众互动,促进公众参与环境治理和保护,实现环境的可持续发展。

北京 G-PARK 能量公园是一个充满数字科技的互动公园,通过数字技术与装置的运用,将公园从传统的物理空间转变为交互空间,游客在公园内的跑步、骑行、跳跃、跳舞、触摸、聆听、手势互动等行为都能够与数字科技互动,这可以改变公园与游客之间的关系,由被动变为互动。公园内设置了不同位置的能源采集点,持续收集人体动能和太阳能,并将能源统一储存到控制室,供公园内的耗电设施使用,如路灯、水井、娱乐设施和艺术装置等。为了创造更多的互动体验,公园内还设置了互动集电跳泉装置(见图 1-20),地面使用新型材料的发电陶瓷地板,人踩上去后产生的动能、势能会产生电流,从而激发信号控制泉水向上喷涌,使游客得到十分丰富的反馈体验。

图 1-20　互动集电跳泉装置

在数字科技迅速发展的形势下,建筑环境设计已成为最为有效的环境设计方案。专业的建筑环境设计平台融合了多媒体技术和计算机虚拟软件技术,前者可以完成环境的艺术设计工作,后者则能够创建建筑环境的三维模型。通过数字科技的应用,环境设计可以更加个性化和精细,虚拟互动系统也实现了用户与计算机之间的触感交互。

### (四)数字科技与新媒体设计

数字科技和新媒体设计是现代社会中越来越重要的发展领域。数字科技包括计算机、互联网、移动设备、人工智能等各种数字技术,新媒体设计则是在数字科技的基础上,利用各种数字工具和媒体形式,如图像、声音、视频等,创造出新的媒体内容和体验,使人们可以以更加丰富和多样化的方式与信息互动和沟通。新媒体设计包含新媒体艺术和新媒体技术两大内容,数字科技让人们可以更好地享受信息和技术带来的便利和乐趣。

在商业领域,数字科技和新媒体设计用于创建网站、应用程序和营销材料,以促进品牌传播和销售;在教育领域,数字科技和新媒体设计用于创建在线课程和虚拟学习环境,以提高学生的学习效果和吸引力;在娱乐领域,数字科技和新媒体设计用于创建电子游戏、虚拟现实和增强现实应用程序,以提供更加沉浸式的体验和娱乐形式。除此之外,数字科技和新媒体设计还在其他领域中得到了广泛应用,如医疗保健、交通运输、艺术和文化等(见图 1-21)。

图 1-21　数字科技和新媒体设计的应用

在艺术领域,新媒体艺术的数字技术包括许多不同的技术类别,如语音识别技术、虚拟技术、交互技术和触控技术等。其中,语音识别技术是实现人机交互的重要手段,通过音频信息的传输、识别和处理,让新媒体艺术的"连接互动"特点更加突出;虚拟技术是数字技术在新媒体艺术中的重要形式之一,能够为新媒体艺术提供多元化的审美体验和艺术体验,广泛应用于会展和各种艺术创作中,具有积极的作用,能够彰显新媒体艺术的"感受真切"特点;交互技术是数字技术在新媒体艺术中的重要组成部分,涵盖电子装置交互和网络交互等技术方面;触控技术包括多点触控和单点触控等技术类型。此外,数字技术在新媒体艺术中的应用还包括数码绘画技术、图像传感技术和数码技术等技术类型。这些技术在某种程度上可以提高新媒体艺术的表现效果和互动体验氛围,提升新媒体艺术的艺术魅力,展现出全新的艺术表现特征和特点。

例如,德国艺术家 Tim Jockel 的互动影像舞蹈作品 *HYPRA*(见图 1-22)融合了音乐、舞蹈和数字艺术等多种元素,通过一个多功能的人工影像装置创造出了舞者活力的舞姿和闪动的视觉灯光效果,给观众带来了一种加速的旅程体验,进一步探索了舞蹈和数字艺术之间的紧密联系。在现代社会中,数字科技和新媒体设计发挥着越来越重要的作用,创造出新的机遇和挑战,需要专业人才不断探索和应用这些技术。

图 1-22　互动影像舞蹈作品 *HYPRA*

## （五）数字科技与传统艺术

数字科技与传统艺术之间的融合是一个极具挑战和潜力的领域。在传统艺术中，色彩素描、风景写生是最基本的技能和实践方法。然而，数字科技为这些传统技能和实践方法提供了全新的教学和实践工具，如虚拟现实技术、计算机辅助设计软件、数字素材库等。这些工具不仅扩大了学习和创作的范围和可能性，还为艺术家提供了更多的实验和创新机会，让他们能够探索和发现更加多样化和复杂的艺术表现方式。

### 1. 数字科技与传统绘画

色彩素描是传统绘画中不可或缺的基础技能之一，艺术家可以通过练习和学习，掌握如何观察和表现颜色和光影，以及如何运用不同的色彩和材料来表达情感和意图。随着数字科技的发展，艺术家可以利用各种数字工具来扩大其实践和创新的范围。例如，使用数字画板或iPad上的绘画应用程序进行数字绘画（见图1-23），艺术家可以在数字领域中探索和实践色彩素描，通过不断尝试和实验，发掘出更多的可能性和表现手法。另外，数字技术还可以提供更多的教育资源，如在线绘画教程和社区，帮助艺术家更有效地学习和分享色彩素描的技能。

图 1-23　数字绘画

在传统绘画中，静物、人物和风景的构图、透视、比例、形状和阴影等技巧，是学习和实践其他艺术形式的基础。数字科技为学习和实践这些技能提供了许多新的方式和工具，例如使用计算机辅助设计软件可以帮助艺术家更准确地绘制和构图（见图1-24），使用数字素材库可以提供更多的素材和场景来丰富创作。同时，通过虚拟现实技术，艺术家可以创造出逼真的三维场景，提供沉浸式和互动式的学习和实践体验。这些数字工具和技术的应用不仅扩大了艺术家学习和创作的范围和可能性，也推动了传统绘画与数字技术的融合和创新。

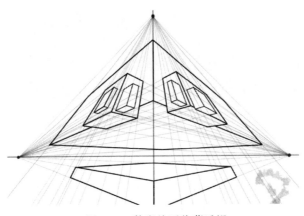

图 1-24 数字绘画临摹透视

在风景写生中,艺术家通过练习和实践可以学习如何观察、捕捉和表达自然景观的形式、色彩和光影,数字科技则可以让艺术家借助各种数字工具来扩展其实践和创作的范围。例如,使用数码相机和绘画软件,艺术家可以在数字环境中进行风景写生的实践和学习,从而探索和发现新的表现手法和技术。此外,还可以让艺术家将传统的绘画技术与数字技术相结合,以创造出独特的艺术形式和体验,从而为观众带来更加丰富和多样的视觉享受。

2. 数字科技与摄影

艺术家可以使用数码相机来捕捉和创作照片,然后使用数字软件来编辑和处理照片,基于数字科技的数字摄影让艺术家的创作有了无限可能。例如,通过数字软件来添加特效和处理照片,创造出更加有趣和独特的作品;数字化的摄影技术让拍摄过程更加灵活和自由,通过调整曝光、对焦、光线等参数来获得更加理想的照片效果;艺术家可以通过社交媒体和在线画廊等平台更加方便地分享和展示自己的作品,与更多的观众进行交流和互动。又例如,惠特尼美国艺术博物馆将其全部藏品上线,其网站的访问者可以浏览近 24 000 件艺术品,包括照片、电影、书籍、绘画、纺织品和行为艺术(见图 1-25)。

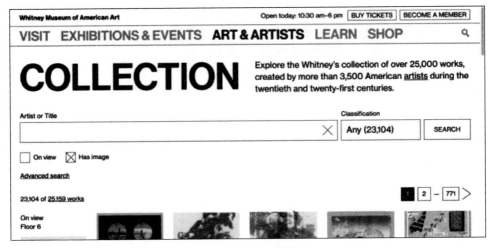

图 1-25 惠特尼美国艺术博物馆线上展示

3．数字科技与雕塑

数字雕塑是数字科技和传统艺术相结合的一种创作形式，它并非旨在取代传统雕塑，而是为艺术家和设计师提供新的创作手段和表现形式。数字雕塑家可以利用各种专业软件（如 ZBrush、Maya、3ds Max、C4D、Blender 等）来塑造他们想象中的现实或虚拟事物。通过数字雕塑创作的三维模型可以借助数控机床、激光雕刻机、快速成型机等设备进行打印和制作。数字技术在雕塑领域的应用开拓了新的创作领域，为艺术家和设计师提供了更广阔的创作空间和创作可能性。数字雕塑结合了艺术创作和科技创新，促进了艺术与技术的交流和融合，推动了雕塑艺术的发展。艺术家通过调整形状、纹理、颜色等参数来获得更加理想的雕塑效果，如设计师陈鸿杰参加 2022 年"网易杯"全球数字与雕塑大赛创作的获奖作品《阴阳师——铃鹿御前》，就兼具未来感和艺术性（见图 1-26）。

图 1-26　全球数字与雕塑大赛获奖设计师与其作品

总之，数字科技为传统艺术提供了许多新的机遇和挑战，可以帮助艺术家在数字环境中进行学习和实践，也为艺术家创造出更加丰富和多样化的作品提供了新的可能性。

# 第二节　智能产品设计的概念与发展

## ▶ 一、智能产品设计的概念

智能产品是一种基于信息技术的新型产品，相比传统产品具有更丰富的内涵和功能。智能产品通过集成微芯片、软件和传感器等元件，能够收集、处理和产生信息，从而为用户提供更多的服务和价值。与传统产品相比，智能产品在交互、沟通和信息处理方面具有更高的能力和效率，这使其在当今工业领域中具有广泛的应用场景。此外，智能产品还可以指企业利用大数据分析、人工智能等技术开发的智能化产品服务系统，通过与计算机和通信设施的交互为客户提供更好的服务和支持。智能产品的重点在于为客户提供实际的使用价值和功能，而非简单的展示和摆设。

　　智能产品设计是一种基于人工智能、互联网、物联网等技术的产品设计方法,旨在创建能够通过学习、自适应、自主控制等方式提供更加智能化、个性化服务的产品。智能产品设计需要设计师具备多种技能,如工业设计、交互设计、人机交互和数据分析等。设计师需要综合考虑产品外观、功能和用户体验等多方面,以实现产品的智能化和用户满意度的最大化。智能产品设计的目标是创造出更加智能化、高效、便捷的产品,以提供更好的用户体验和服务。

## ▶ 二、智能产品设计的发展阶段

### (一)现代产品设计的发展

　　现代产品设计是一种综合性的、系统化的方法,将多个学科领域的知识和技能应用于产品开发的过程中,以创造出能够满足用户需求、市场需求和技术可行性要求的产品。该过程旨在开发具有独特性、创新性和实用性的产品,从而满足消费者对产品的需求和期望。现代产品设计的发展历程可以归纳为四个阶段:第一阶段是工业革命时期,随着机器制造的发展,产品生产的规模和效率得到了大幅提高,设计师开始注重产品的功能性和实用性;第二阶段是现代主义时期,即20世纪前半期,设计师开始探索新材料和新技术的应用,追求简洁、功能性和工业化生产;第三阶段是消费主义时期,即20世纪中后期,随着消费主义的兴起,产品设计开始注重市场营销和品牌形象,外观和风格成为产品设计的重要因素;第四阶段是信息时代,即21世纪,随着信息技术的发展和互联网的普及,产品设计开始注重用户体验和数字化交互,设计师开始关注数据分析和用户研究,以创造更加个性化和智能化的产品。其中代表人物包括德国的包豪斯设计学派和荷兰的"De Stijl"艺术运动、美国的工业设计师雷蒙德·洛威和乔纳森·伊夫,以及苹果公司的乔布斯和艾克森·布朗(见图1-27~图1-31)。

图1-27　包豪斯设计学派代表
作品《MT8台灯》

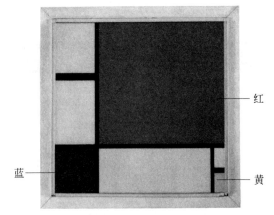

图1-28　荷兰的"De Stijl"艺术运动代表
作品《红、蓝、黄的构图》

图 1-29　美国的工业设计师雷蒙德·洛威的代表作品——流线型汽车

图 1-30　乔纳森·伊夫设计的产品——iMac G3

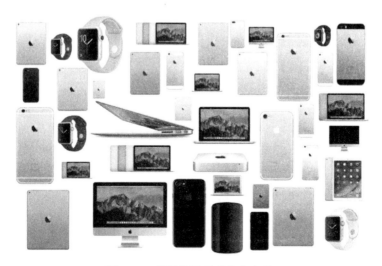

图 1-31　苹果公司系列代表产品

## （二）智能产品设计的发展

按照时间来看，智能产品设计的发展历程可以追溯到 20 世纪 50 年代的工业自动化时代。20 世纪 50 年代，出现了计算机和数字技术，开始实现数字化生产和自动化控制；20 世纪 60 年代，出现了工业机器人，开始实现机械化和自动化生产；20 世纪 70 年代，出现了计算机辅助设计（CAD）和计算机辅助制造（CAM）技术，实现了数字化设计和制造；21 世纪初，出现了基于人工智能技术的智能产品设计，如智能家居、智能手机、智能手表等，实现了智能化和个性化服务；21 世纪初期至今，智能产品设计逐渐向智能制造和智能服务方向发展，如工业 4.0、智能医疗、智慧城市等领域，实现了数字化、智能化和服务化的融合。

按照技术发展来看，智能产品设计的发展历程可以归纳为原始阶段、互联网阶段、人工智能时代和物联网时代。在原始阶段，智能产品的设计师通常只关注产品的功能性和实用性，如早期的家庭计算机只能用来完成简单的文本处理和数据输入输出任务；在互联网阶段，随着互联网技术的发展，设计师开始将产品的功能与互联网连接起来，实现了更加便捷和高效的用户体验，如智能手机等设备，可以随时随地获取互联网信息和服务；在人工智能时代，随着人工智能技术的发展，设计师开始将人工智能技术应用于产品设计中，实现了更加智能化和个性化的服务，如智能语音助手和智能家居设备等，可以通过人工智能技术实现语音识别、自我学习和自主控制等功能；在物联网时代，随着物联网技术的发展，设计师开始将产品与物联网连接起来，实现更加智能化、便捷和高效的服务，如智能家居设备可以通过连接物联网，实现更加智能化和自主控制的功能，为用户提供更好的家庭服务体验。

## ▶ 三、智能产品设计的相关技术

### （一）现有技术

#### 1. 3D 打印技术

3D 打印技术在智能产品设计中发挥着重要作用。3D 打印技术是一种将数字设计文件转换成实际物体的快速制造技术，可以帮助设计师快速制作出物理模型，验证设计的可行性和可靠性，缩短产品研发周期。例如，Anima Design 为日本小提琴制造商 Katehashi Instruments 设计的名为 Karen Ultralight 的动感电子小提琴（见图 1-32），就是使用聚酰胺材料通过 MJF 工艺 3D 打印而成的，其框架位于碳纤维琴身上，同时搭配桦木指板，保证了

图 1-32　3D 打印的动感电子小提琴

小提琴的高品质音效和品质。此外,这款小提琴还兼具人体工程学设计,十分轻巧,可以为演奏家提供优美、舒适的演奏体验。由于可以轻松批量生产,甚至可以根据需要打印成左手变体,因此这款小提琴非常实用。

3D打印技术可以快速制作出物理模型,帮助设计师验证产品的外形、尺寸和结构等方面的设计,也可以将智能芯片封装在特殊的材料中,保护芯片免受损坏,还可以改变芯片的形状和尺寸,以适应不同的产品设计需求。传统的生产方式需要制造模具和工装,投入大量的时间和资金,而3D打印技术可以快速制造小批量产品,减少了生产成本和生产时间。

2. 3D扫描技术

3D扫描技术是一种将物理物体转换为数字模型的技术,而智能产品设计则是通过数字设计软件来设计和制造产品的。3D扫描技术可以快速获得物体的精确几何形状,帮助设计师在数字设计软件中快速建立物体的数字模型。

例如,一位Revopoint 3D扫描仪的用户想要利用车内空调出风口,定制一个能够为饮料保冷的杯架。该用户使用Revopoint 3D扫描仪扫描了座舱的出风口,获取了高度详细和精确的三维模型数据,然后使用各种3D软件进行设计。设计完成后,用户使用3D打印机打印出杯架,这个定制化的专属配件可以完美地适配车内空调出风口,保持饮料的冷却效果(见图1-33)。

图 1-33　Revopoint 3D扫描

3D扫描技术可以获得物体的颜色和纹理信息,使数字模型更加真实、准确,设计师可以在数字设计软件中直观地看到物体的外观。在可视化检测方面,3D扫描技术可以将物体的数字模型进行可视化展示,设计师可以通过旋转和缩放数字模型来检测物体的几何形状和外观,从而指导后续的设计和制造工作。此外,3D扫描技术可以帮助设计师快速复制和修复物体,减少了制造成本和时间。

3. 数字切割技术

数字切割技术在智能产品设计中应用十分广泛,它是一种将数字设计文件转换成可供机器自动化操作的指令的技术。数字切割技术可以帮助设计师在短时间内制作出精度高、质量好的产品原型和部件,使产品研发过程更加高效和快速。数字切割技术能够根据客户的需求快速生产出符合客户需求的产品,实现产品的个性化定制(见图1-34)。

4. 虚拟现实类技术

1) VR技术

VR(virtual reality,虚拟现实)技术是一种基于计算机技术的全新交互方式,通过特殊设备(如头戴式显示器、手套等)模拟出一个完全虚拟的环境,将用户与真实世界完全隔离。

图 1-34　数字切割技术

VR 技术主要涉及显示技术、跟踪技术和交互技术等方面,利用高分辨率、高刷新率的显示器(如 OLED 和 LCD 等),通过戴在头上的 VR 头盔呈现图像,完全占据用户视野,呈现身临其境的感觉。此外,VR 技术还通过内置的传感器追踪用户头部和手部动作,实时调整视角和用户在虚拟环境中的操作。VR 设备支持多种交互方式,如手柄、手套和眼球追踪等,使用户能够与虚拟环境中的物体进行互动。VR 技术主要应用于游戏、培训、模拟和医疗等领域。例如,VR 技术在游戏中可以实现身临其境的游戏体验,在医疗方面可帮助医生进行手术等操作的模拟训练(见图 1-35)。

图 1-35　手术模拟训练

2）AR 技术

AR(augmented reality,增强现实)技术是一种将虚拟信息与现实世界相结合的交互技术,利用设备(如手机和平板电脑)以覆盖在现实世界上的方式为用户呈现虚拟信息。AR技术通过摄像头捕捉现实世界的图像,将虚拟信息叠加在图像上,创造出增强现实场景。用户可以在现实世界中看到虚拟物体,感受其存在。AR 技术还可通过传感器追踪用户位置和方向,实时调整虚拟信息在现实世界中的位置和大小。

AR 技术在多个领域有着广泛的应用。在教育领域,AR 技术可以通过将虚拟信息与现实世界相结合,让学生更加深入地了解学习内容;在旅游领域,AR 技术可以通过将虚拟信息与真实景观相融合,为游客提供更加丰富的游览体验;在商业领域,AR 技术可以通过将虚拟信息叠加在现实世界的商品展示中,帮助用户更加直观地了解产品特点,改善用户购买体验。例如,华为公司通过将莫高窟景区文物与风景融合呈现,打造出"华为河图",实现了自动识别物体、自助讲解、文物复原、场景再现等功能(见图 1-36)。

图 1-36　增强现实智慧景区"华为河图"

3) MR 技术

MR(mixed reality,混合现实)技术是一种将现实世界和虚拟信息相结合的技术,将虚拟信息与现实场景进行交互和整合,创造出一个更加丰富、更加真实的混合现实场景。例如,微软公司的 Microsoft HoloLens 2 混合现实眼镜的面世,代表 MR 技术智能眼镜商业应用已进入一定阶段(见图 1-37)。MR 技术在概念上与 AR 技术更为接近,都将现实和虚拟影像相结合,但传统的 AR 技术依赖于棱镜光学原理折射现实影像,视角不如 MR 技术视角大,清晰度也会受到影响。因此,新型的 MR 技术将会应用于更丰富的载体中,包括眼镜、投影仪、头盔、镜子以及透明设备。MR 技术主要应用于游戏、培训、模拟和医疗等领域。在游戏领域,可以让玩家在现实场景中看到虚拟物体,并且与之进行互动;在医疗领域,可以帮助医生进行手术等模拟操作。随着技术的不断发展,MR 技术将会在更多的领域得到应用,如工业、建筑、艺术等,为人们的生活和工作带来更多的便利和创新。

图 1-37　Microsoft HoloLens 2 混合现实眼镜

### 5. 数据挖掘

数据挖掘是一种高度自动化的决策支持过程,利用人工智能、机器学习、模式识别、统计学、数据库和可视化技术等,从企业的数据中进行分析,推理和挖掘出潜在的模式,以帮助决策者调整市场策略,降低风险,并做出准确的决策。数据挖掘通常包括数据准备、规律寻找和规律表示等阶段。数据准备阶段涉及选择和整合相关数据源,以构建适用于数据挖掘的数据集;规律寻找阶段使用特定的方法和算法来发现数据集中的规律和关联;规律表示阶段以用户可理解的方式,如可视化,将挖掘到的规律进行展示和解释。数据挖掘的任务包括关联分析、聚类分析、分类分析、异常分析、特异群组分析和演变分析等。

### 6. 计算机视觉

计算机视觉也称为机器视觉,旨在使计算机具备类似人类的环境感知能力。通过给计算机安装相机等成像设备,并利用算法处理和解释图像信息,计算机视觉模拟了生物视觉的工作原理,其最终目标是使计算机能够通过视觉感知世界,并具备自主适应环境的能力。计算机视觉系统不是完全模仿人类视觉的处理方式,而是根据计算机系统的特点进行处理。计算机视觉涵盖了多个不同的应用领域,其中一些基础和热门的应用包括图像分类、物体识别和检测、视觉问答,以及三维重建(见图1-38)。

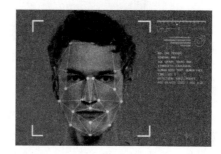

图1-38　使用计算机视觉进行人脸检测

计算机视觉已经成为人们日常生活中不可或缺的一部分。例如,在机场,各种人脸识别系统已经被广泛应用;在医院,摄像头可以精准地识别患者的病变部位;在学校,计算机视觉技术可以自动识别教师的手写板书。尽管计算机视觉已经取得了重大进展,但是在对图像信息的理解方面仍然与人类视觉系统存在较大差距。人类能够通过一幅图产生很多符合情境的猜测,而计算机视觉仍然难以做到,但计算机视觉仍有很大的发展空间。

### 7. 生物特征识别技术

生物特征识别技术是一种利用人体生物特征进行身份认证的技术。具体来说,生物特征识别技术是将计算机科学与光学、声学、生物传感器和生物统计学原理等高科技手段相结合,利用人体固有的生理特性和行为特征来进行个人身份鉴定的技术。

目前被用于生物识别的生物特征包括手形、指纹、脸形、虹膜、视网膜、脉搏、耳郭等,而

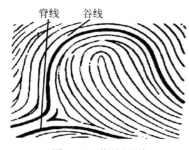

图1-39　指纹识别

行为特征则包括签字、声音、按键力度等。根据这些特征,生物特征识别技术在过去的几年中已经取得了显著的进展。举例来说,指纹识别技术已被全球大多数国家政府所接受和认可,并广泛应用于政府、军队、银行、社会福利保障、电子商务和安全防卫等领域。在中国,北大高科等机构已经在指纹识别技术的研究开发上取得了可与国际先进技术相匹敌的成果。汉王科技公司在一对多指纹识别(见图1-39)算法上取得了显著进展,其性能指标

中拒识率小于 0.1%,误识率小于 0.0001%,达到了国际先进水平。在中国指纹识别技术已经被广泛应用,随着网络的进一步普及。其应用范围也将更加广泛。

**8.语音识别和手写识别**

语音识别和手写识别是计算机视觉和自然语言处理领域的两个重要研究方向,用于将人类语音和手写文字转换为计算机可识别的形式。语音识别技术涉及使用声学模型、语言模型和发音词典等技术将人类语音转换为计算机可处理的形式。语音识别技术应用在语音助手、电话自动应答系统、语音翻译等方面。虚拟助手可以利用语音识别技术来理解和执行用户的命令,如苹果的 Siri、亚马逊的 Alexa 和微软的 Cortana 等(见图 1-40)。许多公司使用自动语音应答系统来帮助客户解决问题或提供信息。汽车制造商在车辆中集成了语音识别技术,让司机可以通过语音控制车辆上的各种功能,例如导航、音乐播放等。此外,语音翻译技术也逐渐成熟,在线翻译工具和语音翻译设备利用语音识别技术将口语翻译成其他语言,为跨语言交流提供了方便。

图 1-40　语音助手用户界面

手写识别是指通过将手写文字转换为计算机可识别的形式来实现手写文本的自动化处理,通常采用图像处理和机器学习等方法来完成手写识别的任务。手写识别应用广泛,包括但不限于手写数字、汉字和签名等的识别。近年来,语音识别和手写识别技术的研究和应用得到了进一步的发展和完善,对人们的日常生活和工作产生了深远的影响。例如,银行可利用手写识别技术来自动化信用卡申请表格填写的过程,教育机构可将手写笔记转化为数字文档以便于存储和分享。此外,手写识别技术还可应用于智能手写笔和智能白板等领域(见图 1-41)。

图 1-41　智能手写笔

9. 搜索引擎

搜索引擎是一种自动化的计算机程序,用于对互联网上的信息进行索引和检索。它通过分析网页内容、链接结构和用户行为等多个因素,帮助用户快速、准确地找到所需的信息。搜索引擎的工作过程可以分为三个部分:其一,像蜘蛛一样在互联网上爬行并抓取网页信息,将其存入原始网页数据库;其二,对原始网页数据库中的信息进行提取、组织和建立索引库;其三,根据用户输入的关键词,快速找到相关文档,并对结果进行排序,将查询结果返回给用户。

索引技术是搜索引擎的核心技术之一。搜索引擎需要对收集到的信息进行整理、分类和索引,以建立索引库。中文搜索引擎的核心技术是分词技术,它利用规则和词库将句子分割成词语,为自动索引做好准备。分词技术在中文搜索引擎中起着重要的作用,帮助搜索引擎理解用户的查询意图并准确地匹配相关的文档。

当前,全球应用广泛的搜索引擎包括谷歌、百度、必应、搜狗等。这些搜索引擎的工作原理基本相似,利用网络爬虫程序在互联网上抓取网页信息并解析处理,构建网页索引库,当用户输入查询关键词时,搜索引擎会匹配关键词和网页内容、链接等多个因素,对索引库进行快速检索,返回最相关的搜索结果。2022 年,智能 AI 开始兴起,将为搜索引擎领域带来巨大变化。例如,智能聊天 AI "ChatGPT",美国 OpenAI 研发的聊天机器人程序,于 2022 年 11 月 30 日发布。ChatGPT 是人工智能技术驱动的自然语言处理工具,它能够通过理解和学习人类的语言来进行对话,还能够根据聊天的上下文进行互动,像人类一样聊天交流,甚至编写邮件、视频脚本、文案、代码等(见图 1-42)。

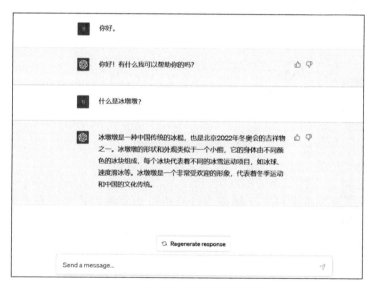

图 1-42 ChatGPT 聊天界面

## (二)未来技术趋势

1. 生物制造

生物制造是一种利用生物技术和工程学原理,以微生物、植物和动物细胞等为原材料,通过生物合成、发酵和纯化等技术手段制造生物产品的过程。这种生物技术与工业技术相结合的制造方式,能够生产出用途广泛的生物制品,包括但不限于食品、医药、化妆品和工业材料等。

生物制造技术的应用越来越广泛,其中生物医药是一个重要领域。利用生物制造技术,可以生产各种药品和疫苗,包括生物合成药物、基因工程药物、细胞治疗药物和免疫治疗药物等,为医学研究和临床治疗提供重要的支持。此外,生物制造也可以用于生产各种生物材料,如纤维素、生物塑料和生物降解材料等,这些材料具有良好的生物相容性和环境友好性。2023 年,南京工业大学材料化学工程国家重点实验室的余子夷教授团队与英国剑桥大学的团队进行合作,成功地开发了一种名为"活材料"的新型技术(见图 1-43)。该技术基于蛋白质颗粒水凝胶,可以实现活体功能材料的生物打印。这项制备工艺具有微生物细胞生长的微载体及其活体功能材料的可控性,为实现摔碎后自我修复的手机屏幕和感知周围环境的智能衣物等概念提供了可能性。在生物能源领域,生物制造在生产各种生物能源(如生物柴油、生物乙醇和生物氢气等)方面发挥着重要作用,为可再生能源的发展提供了新的发展方向。

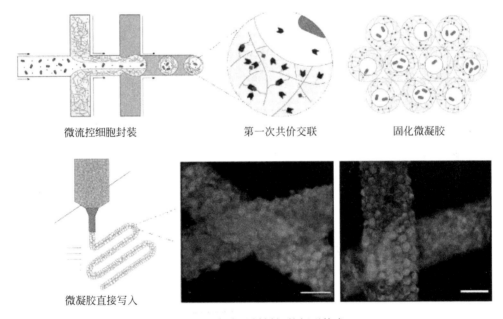

微流控细胞封装　　　　第一次共价交联　　　　固化微凝胶

微凝胶直接写入

图 1-43　名为"活材料"的新型技术

## 2. 可编程材料

可编程材料是指通过控制分子结构和组装方式实现特定物理、化学或生物学性质的材料。相比传统固态材料,可编程材料具有可调节的物理和化学性质,这使它们的应用更加广泛。可编程材料的制备方法包括自组装、化学合成和生物合成等。通过在分子水平上调节材料的组成、结构和形态等特征,可以实现对材料性质的调节和定制。

可编程材料可以应用于多个领域,如纳米电子器件和纳米催化剂。通过加工可编程材料的表面和内部微结构,可以制备出具有特定性质的纳米电子器件,用于电子信息领域。同时,通过调控可编程材料的表面结构和化学组成,可以制备高效、高选择性的催化剂,用于环保和化学合成等领域。另外,可编程材料还可以制备出具有特定生物活性和生物相容性的材料,用于生物医学领域,例如药物输送、组织工程、生物传感和生物成像等。Mark Pauly 教授和 Pedro M. Reis 教授团队在瑞士洛桑联邦理工学院开发了一种可重构力学超材料(见图 1-44),它的机制类似于硬盘驱动器的"数据位",即晶格可以被实时编程。这种超材料可以调整力学性能,并展示不同的物理性质(如刚度和强度),它包含多个"m 比特",当打开某些比特时,材料会变得坚硬,而关闭这些比特则会使材料变得柔软。

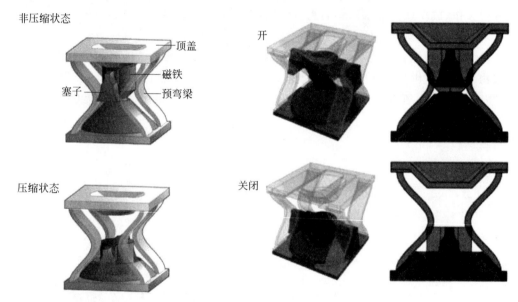

图 1-44　可重构力学超材料

### 3. 柔性电子

柔性电子是一种新兴的电子技术,利用柔性基底材料代替传统的硬性基底材料,实现了在任何形状的物体表面上制备和应用电子元器件的目的。柔性电子的制备方法包括印刷、喷墨和自组装等技术,其中印刷是最常用的方法,它可以将电子材料印刷在柔性基底上,从而制备出各种电子元器件,如晶体管、发光二极管和电容器等。

柔性电子具有广泛的应用前景,可应用于多个领域,如可穿戴设备、智能家居、医疗设备和智能交通等(见图 1-45)。在可穿戴设备领域,柔性电子可为智能手表、智能眼镜、智能手环等设备提供更加舒适和适应性的体验;在智能家居领域,柔性电子可为智能门锁、智能窗帘、智能灯具等提供更轻便、美观的设计,从而提升用户的使用体验;在医疗设备领域,柔性电子可将可穿戴医疗器械、医疗传感器等设备变得适应性更强、可靠性更高,从而提高医疗效果。此外,在智能交通系统中,柔性电子可应用于车联网和无人驾驶等方面,提高交通安全性和效率。

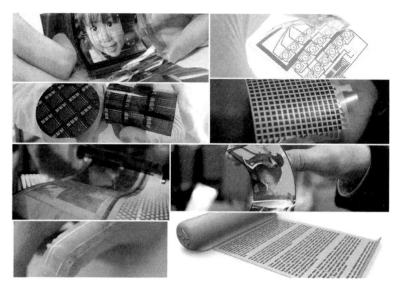

图 1-45　产品中柔性电子的应用

## ▶ 四、智能产品设计的应用领域

### （一）智能穿戴

1. 腕带式智能产品

智能手环是典型的腕带式智能产品,也是一种常见的智能穿戴设备,主要用于记录人们的运动数据,培养良好的运动习惯。随着解决方案的不断升级,智能手环的功能也得到了扩展,包括活动反馈、健身指导和生理指标持续监测等。这些功能逐渐渗透和改变着人们的运动习惯和健康理念。

智能手环通常采用医用橡胶作为主要材质,具有天然无毒、舒适耐磨的特点,并具有小巧、简洁的外观设计。其核心组成模块包括传感器、电池、芯片、通信模块、震动马达、显示屏幕和体动记录仪等。智能手环能够全天候实时记录人们的运动、睡眠、健康等数据,为用户提供全面的信息和反馈。智能手环应用广泛,价格亲民,普及程度较高。很多城市里的上班族都处于亚健康状态,智能手环可以帮助人们更好地了解和改善自己的健康状态。例如,苹果公司的 Apple Watch S7(见图 1-46)可以独立于苹果手机使用,可以监测心率、快速分析并生成心电图,及时捕捉心律不齐等症状。

2. 头戴式智能产品

如今的眼镜已经被赋予了智能可穿戴设备的功能,具备时尚外观和便捷使用的特点。类似于智能手机,智能眼镜这种头戴式智能产品拥有独立的操作系统,并可以安装和使用软件服务商提供的程序。通过语音或动作操控,智能眼镜能够上网、查询、导航、拍照、视频通话等,广泛应用于社交、娱乐、游戏和商业领域。VR 眼镜融合了计算机图形技术、仿真技术、多媒体技术、体感技术、人体工程学技术等多种技术,用户佩戴后可进入一个独立封闭的虚拟三维环境,感受身临其境的沉浸感。例如,华为公司推出的 Huawei VR Glass(见图 1-47),外形时尚,轻便小巧,类似普通墨镜,但其具备折叠的镜腿和扬声器,可播放 360°立体声音效。该设备支持手机和计算机两种连接模式,既能进行 VR 游戏和 VR 观影,又可以方便地与其他智能设备互联,如与华为手机和智能手表联合使用,将用户的运动数据实时投影到 VR 视野里,为用户提供更加方便的使用体验。

图 1-46　Apple Watch S7

图 1-47　Huawei VR Glass

### 3. 身穿式智能产品

随着科技发展,服装行业也在不断创新,不断走向智能化,人们穿在身上的衣服不仅可以调节温度、变换色彩、播放音乐,还可以监测身体健康。大量科技元素注入服装行业,让智能服装焕发了新的光彩。例如,谷歌与知名服装品牌 Levis 合作推出了智能夹克 Commuter Trucker Jacket(见图 1-48),夹克的袖口位置配备了一个电子标签,内部融合了蓝牙、震动和电池等模块,穿戴这件衣服的人只需用手指在嵌入了导电纤维的袖口部位的布料上滑动,就能连接蓝牙并执行手机上的一些应用功能,如接听电话、控制音乐音量等。这种智能夹克利用电子信息技术、传

图 1-48　Commuter Trucker Jacket

感器技术、纺织技术及新材料等,将电子元件"编织"到导电纤维中,使衣服面料变成一个"触控屏",用户可以通过手指在上面滑动,控制与其互联的电子设备。

### (二) 智能出行

智能出行涵盖了智能车联网、共享出行、无人驾驶等领域。智能车联网是指将汽车与互联网、大数据、人工智能等技术相融合,以实现车辆信息的智能化和互联互通。例如,车载系统可提供导航、音乐和语音助手等服务,并可通过云端数据分析提供车辆状态监测、预警和维护等服务;共享出行是指通过共享经济模式,将出行服务共享给多个用户,以降低出行成本并增加出行方式的多样性。又例如,共享单车、共享汽车和拼车等方式通过手机应用程序提供在线预订、付款和定位等功能,以提高出行的便捷性和效率;无人驾驶则利用自动驾驶技术和智能感知技术,实现车辆自主导航和行驶。谷歌公司的无人驾驶汽车(见图 1-49)可

利用雷达、激光雷达等多种传感器和相机,实现车辆环境感知和决策,从而确保行驶的安全性和准确性。

图 1-49　无人驾驶汽车

## （三）智能家居

智能家居是指通过将住宅设施集成起来,利用综合布线技术、网络通信技术、安全防范技术、自动控制技术、音视频技术等构建高效的住宅设施管理系统,以提高住宅的安全性、便利性、舒适性和艺术性,并实现节能环保的居住环境。目前,智能家居平台已经建立,手机仍是主要的控制终端,但未来将逐渐被智能音箱、智能路由器、家用服务机器人等更便捷的智能家居系统控制方式所取代。

智能家居的应用目前主要集中在安防监控、影音娱乐、自动化控制等方面。

1. 智能安防监控

智能安防监控是智能家居的核心业务应用功能模块,以保障家庭用户的人身及财产安全为目标,防止火灾、煤气泄漏、非法入侵伤害等常见的紧急突发事件的发生,提供实时的远程视频监控以及与访客可视对讲、门禁授权、灾害报警、紧急呼救等安全防范功能。

2. 智能影音娱乐

智能影音娱乐设备是指以家庭为中心,通过智能终端为用户提供视听、教育、游戏、信息、金融社区等多种应用服务的设备。随着宽带普及、速率提高、智能终端性能增强以及业务应用增多,智能家居影音娱乐设备正朝着越来越高清、智能、网络化的方向发展。智能影音娱乐设备包括智能电视、智能音响、智能投影仪等,用户可以通过手机、平板电脑等智能终端控制这些设备,随时随地享受高质量的视听体验。

3. 智能自动化控制

智能自动化控制是指利用网络通信、自动控制等技术,智能化地控制和管理家庭设施,以提升家庭生活的舒适度、安全性、高效性和节能性。这是一种以信息处理为核心的综合性技术,涉及电子计算机、通信系统和控制等学科,一般采用由多台计算机和各种终端组成的局部网络。例如,KC868 智能家居主机(见图 1-50)采用 ZigBee、射频、485、GSM 网络和以太网交互协议,具备强大的网络功能和灵活的自动化控制方式。它外观时尚新颖,软件操作界面友好易用,是目前功能较全面、性价比较高的智能家居控制主机,用户可以随时随地通过客户端软件实现对家庭设施的实时监控,轻松实现智能家居梦想。

图 1-50　KC868 智能家居主机

### (四)智慧医疗

#### 1. 外骨骼

外骨骼技术最早应用于军事领域,是一种利用机器人技术辅助或恢复身体运动功能的医疗设备,随着技术的发展逐渐普及到普通群众的生活中。智能外骨骼通常由电机、传感器和计算机等组成,能够为患有疾病、残疾或受伤的人提供恢复和改善运动能力的支持,帮助他们重新获得一定程度的自主性和生活能力。

智能外骨骼应用领域广泛。在残疾人康复方面,它可以帮助残疾人恢复或改善肢体运动能力,从而提高他们的生活品质。例如,以色列 ReWalk Robotics 公司开发的 ReWalk 外骨骼(见图 1-51),可以帮助患有下肢瘫痪的人恢复行走能力。ReWalk 外骨骼通过感应身体的平衡和重心,以及计算机的控制来实现步态模拟和运动支持。该外骨骼已经在美国、欧洲和以色列等地进行了应用和推广;在医疗救援方面,智能外骨骼可以帮助医护人员提高效率并减少风险;在康复医学领域,智能外骨骼可以帮助中风、脊髓损伤和肌肉萎缩等病人进行康复训练,以提高他们的运动能力和生活质量;在老年人护理方面,智能外骨骼可以帮助老年人恢复站立和行走的能力,提高他们的自理能力和独立性。例如,HAL 外骨骼(见图 1-52)是一种智能外骨骼,可以通过感应肌电信号来控制电动机,使穿戴者的肌肉得以重新运动。它已经在日本等国家进行了广泛的临床试验和应用,未来随着技术的不断发展和完善,智能外骨骼将会在医疗、护理和康复领域发挥更加重要的作用。

图 1-51　ReWalk 外骨骼

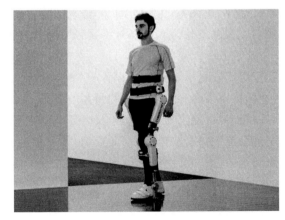

图 1-52　HAL 外骨骼

2. 适老化产品

智慧医疗技术在老年人护理领域具有重要的应用价值,可为老年人提供各类适老化产品。随着老龄化进程的加速,老年人护理需求日益增加。智慧医疗技术可以提供更为全面、高效的医疗和护理服务,帮助老年人更好地管理自身健康,提高生活质量。例如,智能手环、智能手表和智能床垫等设备可以实时监测老年人的心率、血压、睡眠质量等身体数据,有助于医生和护理人员更好地了解老年人的身体状况,并及时发现异常。

对于行动不便的老年人来说,远程医疗技术可以为他们提供更便利的医疗服务。远程医疗包括远程诊断和远程监测,通过视频和其他通信技术,医生可以与老年人进行交流和诊断。这种方式不仅让老年人在家就能接受医疗服务,也让医生能够更好地了解老年人的状况。例如,智能药盒(见图 1-53)和智能药瓶可以提醒老年人按时服药,同时帮助家人和医生监测药物的使用情况。

图 1-53 智能药盒

3. 智慧医疗检测

智慧医疗检测则是一种新兴的检测方式,利用人工智能技术、物联网、大数据等技术对医疗数据进行分析,从而提高医疗诊断和治疗效果。智慧医疗检测可以通过收集和分析病人的生理参数、病史、影像数据、实验室检查结果等来辅助医生做出更加准确的诊断和治疗方案。与传统医疗模式不同,智慧医疗检测具有数据密集型等特点,通过"用户友好"的交互方式、大数据分析和人工智能,辅助医生进行病变检测,提高诊断准确率与效率,在提升医疗服务水平、缓解医疗资源紧张等方面发挥作用。智慧医疗检测的优点在于提高医疗诊断和治疗的精度和效率,减少医疗资源的浪费,缩短患者等待诊疗时间,提高患者的满意度和治疗效果,同时还可以利用数据分析技术实时监测患者病情变化,提供及时的预警和干预,避免或减少并发症的发生。

智慧医疗检测的流程区别于传统医疗,更加智能化,数据采集更加准确便捷。其主要流程包括:①进行数据收集,通过传感器、医疗设备或其他信息采集设备,获取患者的生理参数、病史、实验室检查结果、影像数据等医疗数据,并将其存储在电子病历系统中;②进行数据预处理,对收集到的数据进行清洗、归一化、降维等操作,以提高后续数据分析的准确性和效率;③进行数据分析,利用人工智能、机器学习等技术对收集到的数据进行分析,以诊断疾病、预测病情、制订治疗方案等;④进行治疗决策,根据数据分析的结果,结合临床经验和医学知识,制订最佳的治疗方案;⑤进行治疗执行,按照制订的治疗方案执行治疗,包括用药、手术等治疗措施;⑥进行治疗评估,对治疗效果进行评估,通过数据收集和分析反馈治疗效果,及时调整治疗方案。

## （五）智能制造

智能制造是一个基于信息处理的智能化系统,是一个开放的体系,原材料、信息和能量都是开放的,整合了信息技术、先进制造技术、自动化技术和人工智能技术。智能制造技术体系由商业模式创新、生产模式创新、运营模式创新和决策模式创新四个层次构成。商业模式创新包括开发智能产品和推进智能服务;生产模式创新包括应用智能装备、自下向上建立智能生产线、构建智能车间和打造智能工厂;运营模式创新包括践行智能研发、形成智能物流和供应链体系、开展智能管理;决策模式创新包括预测性分析、实时决策、个性化决策等,使智能制造的产品具有智能化和创新支持。

"中国制造2025"全面提升中国制造业发展质量和水平的重大战略部署,是要强化企业的主体地位,激发企业活力和创造力。在智能产品制造过程中,凸显工业4.0的四个主题:智能工厂、智能生产、智能物流和智能服务,如表1-1所示。

表1-1　凸显工业4.0的四个主题

| 主　题 | 侧　重　点 |
| --- | --- |
| 智能工厂 | 企业的智能化生产系统和制造过程,以及对于网络化分布式生产实施的实现 |
| 智能生产 | 企业的生产物流管理、制造过程人机协同,以及3D打印技术在企业生产过程中的协同应用 |
| 智能物流 | 通过互联网、物联网来整合物流资源,充分发挥现有的资源效率 |
| 智能服务 | 作为制造企业的后端网络,通过服务联网结合智能产品为客户提供更好的服务,发挥企业的最大价值 |

## （六）智能机器人

国际标准化组织将机器人定义为一种能够自动、可编程控制位置和动作的多功能机械手,其具有多个轴,可以处理不同的材料、零件、工具和专用装置,以执行各种任务。智能机器人在传统机器人的基础上,通过感知、决策和执行等方面的全面提升,模拟人类的行为、情感和思维,具有相当发达的"大脑"。智能机器人不仅可以听从人类的指令、执行任务,还能与人类友好交互、不断学习和改进。机器人的内涵应该广义地理解为"智能机器",其中包括感知(IoT)、决策(AI)和执行(RT),而不仅仅是模拟人类的机器。智能机器人已广泛应用于家庭和办公场所,包括服务机器人、家庭机器人、工业机器人和农业机器人。服务机器人可以在酒店、医院等公共场所提供服务,如接待客人、导航、提供信息等,许多国家正在大力发展服务机器人,以满足人们不断增长的服务需求;家庭机器人在家庭环境中具有多种功能,如智能管家、儿童陪伴、老人看护等,通过语音识别、人脸识别等技术与家庭成员交互,实现家庭管理和娱乐等功能;工业机器人在工业生产中具有多种作用,如自动化装配、焊接、搬运等,通过视觉识别、力学控制等技术实现自主决策和控制,提高生产效率和产品质量;农业机器人在农业生产中扮演多种角色,如土壤检测、植物管理、采摘等,通过传感器、视觉识别等技术实现智能化农业生产,提高农业生产效率和产品质量。

### （七）智慧农业

智慧农业是利用信息技术(如物联网等)改进传统农业的生产方式,数字化设计农业生产要素,并采用智能化控制技术和产品来控制农业物联网。这些技术包括传感技术、能源技术以及网络技术,可以实现全面感知农业技术、可靠传递信息、智能处理信息和自动控制环境等功能。智慧农业还将现代信息技术如云计算、传感网等应用到农业生产的各个环节,实现全程智能管理,包括智能决策、社会化服务、精准种植、可视化护理和物联网化营销等。

目前,我国农业生产越来越注重机械化,这种趋势既可以减轻劳动强度,也可以追求更高的收成。相对于传统农业,智慧农业采用先进技术,可以使蔬菜在无土壤、无自然光的条件下生长,并且可以实现 $3\sim5$ 倍的产量;利用水肥一体化灌溉系统,可以实现精准灌溉,比传统的大田漫灌方式节水 $70\%\sim80\%$;智慧农业的种植空间不仅限于平面,还可以进行立体种植,可节约高达 $80\%$ 的土地;农作物的灌溉和施肥可以实现自动化,由智能系统进行实时监测和调节,以提高水资源利用率并降低农业生产成本;利用人工智能技术,可以自动化完成农田作业,如种植、除草、喷洒农药等,从而提高生产效率、降低人工成本和环境污染;利用区块链技术,建立农产品的信息追溯体系,以实现对农产品的溯源和质量追踪,从而保障食品安全和品质。总体而言,智慧农业可以实现更高效、更精准、更可持续的农业生产方式。例如,美国 Bowery Farming 公司的室内农场(见图 1-54)就利用智能化控制系统、LED光源等技术,实现了室内蔬菜的自动化种植和收获。这种农业模式不仅可以保证蔬菜的质量和安全,还可以提高生产效率和可持续性。

### （八）智慧城市

智慧城市最初由 IBM 在 2009 年提出,随后在全球范围内逐渐传播、扩展和演化。智慧城市的概念涉及范围广泛,内容复杂,目前仍在不断发展和完善中,尚未形成统一的标准。

智慧城市是国家推进新型城镇化建设的重要方向,也是城市信息化建设的高级阶段。其核心理念是通过物联网、云计算、大数据等智能信息技术的应用,将城市中分散的、各自独立的信息系统整合在一起,实现感知化、物联化、共享化和智能化的特点。

未来,智慧城市将得到进一步推广和发展,具有巨大的潜力和前景。这种城市模式将充分利用现代科技,提供高效的城市管理、智能化的公共服务、便捷的生活体验,并为可持续发展和提高居民生活质量做出贡献。智慧城市建设顺应了国家政策、社会现实和技术发展的需要。从 2016 年开始,国家和各省市将智慧城市建设纳入规划,政策文件中提出了一系列鼓励措施,将智慧城市建设作为未来城市发展的重点。新一代信息技术,如感知技术、新一

图 1-54　Bowery Farming 公司的室内农场

代网络通信技术、云计算技术等,是智慧城市建设的核心技术。城市覆盖的网络基础设施和全面感知的城市触角是智慧城市建设的主要基础设施。信息技术和信息基础设施共同构成了智慧城市建设的硬件基础条件,而可持续发展等理念则是智慧城市建设的思想基础,二者共同构成了智慧城市建设的软件基础条件。智慧城市可以通过智能环保、智能安防、智能医疗和智能教育等系统来提高城市的智能化管理和服务水平。深圳市于 2020 年 6 月实现了全球首个"5G＋智慧轨交示范线路"的开通(见图 1-55),该示范线路为深圳地铁 1 号线的一段,全长约 5 公里,共设 5 个车站,利用 5G 网络技术,将轨道交通与智慧城市的各个领域进行深度融合,实现了智慧轨交的多项应用。其中,5G 网络的高速传输能力和低延迟特性,为智慧轨交应用提供了更强的支撑。此外,该示范线路还实现了诸如自动驾驶、智慧安防、智能客流、智能设备监测等多项应用。"5G＋智慧轨交示范线路"的开通使深圳市在智慧交通领域取得了重要的进展。

　　在全球范围内,智慧城市建设已在众多地区展开,并取得了一系列显著成就。国内已有"智慧上海""智慧双流"等项目;国际上,新加坡的"智慧国计划"、韩国的"U-City 计划"等项目也引人注目。其中,沙特阿拉伯首都利雅得计划建设面积超过 170 平方千米的智能城市"THE LINE",提供了一种新的城市规划设计方法,2022 年沙特阿拉伯发布了"THE LINE"完工后的城市效果图(见图 1-56),这座长 170 千米、宽 200 米、高 500 米的城市功能垂直分层分布,让人们在三维空间(向上、向下或水平)中无缝出行,这一概念被称为零重力城市主义。物联网技术的应用在医疗、交通、工业、城市发展等领域可以进一步推动智能医疗、智能电网、智能汽车、智能建筑、智能商业、智能工业等多个行业的需求发展,并且在不同层次上展现出多种形态的发展趋势。

图 1-55　深圳"5G＋智慧轨交示范线路"发布会现场

图 1-56　"THE LINE"城市效果图

## ▶ 五、智能产品设计的发展趋势

### （一）人机共融趋势

人工智能技术打破了传统设计的界限，扩大了设计领域，使艺术和设计更快速地交融。物联网、5G 和大数据赋予传统机器更高的"智慧"，从而成为设计主体，与设计师一同完成设计任务。

传统的人机系统由人、机器、环境三个部分组成。机器只是一个单纯的物理实体，它需要人来控制才能完成任务。然而，新型的群体智能系统通过对人的身体、感觉和认知能力的扩展和提升，实现了人机融合，并通过自然交互和智能交互实现了与人的和谐共处。例如，广州汽车集团股份有限公司推出的全球首款自动驾驶系统，主要体现了人机交融在自动泊位和辅助驾驶功能方面的应用（见图 1-57 和图 1-58）。该系统的车身装配有 4 个高清摄像头和 12 个超声波传感器，用于检测车身的位置。在 6 米范围内，该系统可以通过信号传输完成寻找车位、识别车位和泊入车位的全过程。此外,方向盘还安装了预警系统,驾驶者只需将双手轻轻放在方向盘上即可,如果双手离开方向盘几秒,系统则会发出警报。

图 1-57　自动驾驶汽车　　　　　　图 1-58　汽车自动驾驶系统功能展示

## （二）机器智能化趋势

人工智能技术促使机器人产品快速发展。目前机器人分为两大类。一类是具备操作功能的多工业机器人,多工业机器人系统就是将不同用途的多个单体机器人组合成系统,如物流系统的分货装置、生产线上的装配机器人等。这类机器人已经运用到各种生产领域,不仅降低了生产成本,而且大大提高了工作效率。例如,2021 年亚洲国际物流技术与运输系统展览会中的极智嘉智能分拣机器人(见图 1-59)外观硬朗小巧、科技时尚,其机身自带智能升降架,可任意调节高度,适应各种高度和不同尺寸的物流箱体,具备高柔性和很好的兼容性。这样的设计既提高了机器人分拣物件的效率,又节约了物流存储空间。

图 1-59　极智嘉智能分拣机器人

另一类是机器人的外观设计模拟人体形态,能够完成人体动作,也称作仿真人形机器人。这类机器人具备敏捷的思维,能够思考、运算并做出判断,以此完成使用者对的指示,高效、安全地完成人机交互。例如,日本 Walker X 机器人(见图 1-60),经过 5 年 4 次的产品升级,已经从最初的结构性机器人进化到仿人形机器人。该产品通过减轻自身材料的重量、降低重心实现单腿支撑,每小时步行距离可达 3 公里。此外,该机器人还配备了三维立体视觉定位系统,通过多层算法,可以选择最优行动路径,并且可以探测物体的位置和方向等属性,完成多项复杂的抓取动作。

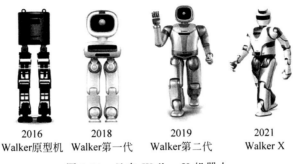

2016　　　 2018　　　　　 2019　　　　　 2021
Walker原型机　Walker第一代　Walker第二代　Walker X

图 1-60　日本 Walker X 机器人

## （三）适老化趋势

随着老龄化程度的不断加深,老年人数字鸿沟的民生问题引起广泛关注,适老化改造问题已经成为国内外研究的重要方向之一。虽然科技的进步带来更多可选择的智能产品,但是很大比例的老年人却被科技发展的浪潮甩在身后,无法有效利用高新智能产品形成数字鸿沟。从现有的研究来看,适老化的研究同"老年友好"的内涵和目标相一致,适老化也常被称为适老化设计或适老化改造。有学者认为,适老化设计是一种以人为中心的设计理念,是在设计过程中关注老年人的生理、心理特征以及行为特征、偏好等,使产品和服务满足老年人的需求。

国外对于智能产品的适老化改造研究主要倾向于通过物联网、大数据和人工智能的手段分析用户个体需求进行个性化设计,采用个性化推荐服务和改造。在帮助老年用户更好地使用智能产品的同时,开发远程照拂和医疗护理,减轻养老压力。国外在智能产品改造的过程中,也注重人机交互的发展,创新人机互动操作方式的转变,也更加注重老年人的隐私保护。

我国智能产品适老化改造需要加强以下三个方面。第一,技术研究,即加强对智能产品适老化改造的技术研究。我国在技术发展方面仍存在差距,需要进一步完善数据库建立、老年行为模拟、智能护理等方面的技术。加大研发力度,缩小与国外的差距。第二,实际需求,即更加关注老年人的实际需求。智能产品的适老化改造不能仅仅停留在简化功能、放大字体等表面改进上,而是需要根据不同使用环境的老年人进行个性化设计,满足其特定需求,打造适合长者的产品。第三,交流沟通与信息融合,即加强各方的交流沟通与信息融合。目前,智能产品适老化改造各平台之间存在沟通问题,企业、政府和老年人之间缺乏有效联合交流。这需要打破交流壁垒,建立数据库,促进信息整合,实现政府、企业和老年人的合作,推动智能产品适老化改造的发展。通过加强技术研究、关注实际需求和促进交流与信息融合,我国智能产品适老化改造能够取得更大进展,提供更适合老年人使用的智能产品,满足老年人的需求,改善他们的生活质量。

## （四）拟人化趋势

在日常生活中,随着科技的发展,各种机器人、计算机界面与人们的生活越来越息息相关。它们拥有人类的外表或具有人类的心理能力,可以与人互动,为人们提供各种必要的信息,在各个领域发挥着它们的作用。

用户在使用智能设备的过程中,能够通过综合性的感知交互过程进行一种情感定位,并将这种对于产品使用的情感链接投入虚拟的情景中。产品设计应根据用户感知,建立一种可被信赖的虚拟角色,来满足用户对于这种虚拟情感指引的期待。这类智能角色形象将较为传统的语音播报模式拟人化,赋予情感和性格,强调情感化的充分交流,提高这种智能系统对用户的高效交流,帮助智能系统快速完成任务。例如,像"小爱同学"这类型的虚拟智能角色,可以应用于各种系统化的家电产品中,通过和用户友好对话完成用户的各项指令。用户可以将这种智能系统设定为朋友或助手的身份,也可以进行更广泛的角色开发,如管家、长辈以及下属的身份等。智能产品设计必须依托虚拟智能角色形象完成产品的交互过程,这样的智能角色既可以使产品的交互过程变得更加生动有趣,又可以满足用户对情感的期望。

在未来人工智能更接近生活的同时,拟人化作为交互手段的重要的组成部分还有待研究。未来的某一个节点中,设计师可能需要更多地研究社会的不同文化群体,以及各群体不同的性别、年龄、外貌、行为举止等的偏好。这些可能成为工业设计及交互设计的一个重要的组成部分。一些在人工智能时代的新文化潮流意识,包括各种虚拟形象,以及因为人工智能的虚拟文化形象与社会的新的交互结果而创造出来的新的社会文化体系等,也将继续不断发展。

## （五）大数据辅助设计趋势

在传统产品设计的流程中,设计师需要通过前期的调查研究来对企业、产品以及目标用户进行充分分析,以此作为产品研发的重要依据。研究人员主要将所需的数据分为内部数据、外部数据、用户信息等,每一部分都是产品在正常使用过程中所形成的直接或者间接数据。其中,内部数据是有关企业本身经营情况的数据;外部数据是指企业所处大环境的数据,包含同类竞品信息、产品生产法规、国家政策条例、整体流行趋势等;用户信息是指消费者的人群特点、审美取向、生活模式以及消费模式等。以往的工作中,设计师要通过人工对这些信息进行综合采集和分析,完成对设计方向的预测,调研工作相当烦琐和庞杂,需要消耗大量时间成本和人力成本。由于时间和空间的限制,这种传统的数据采集和分析不会十分精准,尤其是对产品的潜在创新突破口和用户的个性化需求不能进行准确预判。这就需要有一种设计系统能将用户和设计方进行链接,以达到用户和设计方的无障碍沟通。

因此,可以利用5G和大数据建立智能数据分析系统,对企业的内部数据、外部数据和用户信息进行采集和分析,帮助企业进行产品设计规划与研发预判。例如,针对用户信息,可以将用户喜好、生活方式等数据在云端进行存储,并利用深度神经网络模型,对市场用户的特征价值进行数据整合、分析、计算,从而预测出未来的用户喜好以及产品的流行趋势。此外,还可以对消费者的文化背景、爱好以及生活品位等抽象要素进行分析,选取与匹配指标关联性较高的特征值,为后期匹配提供服务。智能数据分析系统对大量基础和复杂信息进行整合、分析,不仅能为后期的设计进阶提供理论基础,而且能减少设计师投入的时间成本,以便他们能够集中精力投入创造性的活动,最终达到数据科学性和思维创新性的融合。

**思考题**

    1. 智能产品设计的趋势和发展方向是什么?

    2. 数字科技为传统产品设计带来了哪些改变?如何影响产品的生产和消费?

    3. 智能产品设计需要考虑哪些因素?这些因素对产品的实用性和用户体验有哪些影响?

    4. 请列举数字科技在智能产品设计中的应用案例,并简单介绍其优点和缺陷。

    5. 在数字科技和智能产品设计的快速发展过程中,如何确保产品的信息安全和用户隐私?

# 第 二 章

# 智能产品设计流程与方法

## ▍本章概述▍

本章围绕智能产品的设计流程与方法展开学习,介绍智能产品设计的能力需求、设计原则、设计方法、设计流程等内容,使读者系统了解智能产品的设计流程与方法,为后续深入学习和训练打下坚实的基础。

## ▍学习目标▍

本章旨在帮助读者掌握设计和开发智能产品的方法,内容包括了解智能产品的特点和设计需求,学习使用各种工具和方法进行设计,以及将用户需求转化为实际产品功能。通过学习智能产品设计流程与方法,读者可以更好地理解开发过程并有效地进行设计,为用户提供更优秀的智能产品。

## 第一节　智能产品设计的能力需求

无论设计与开发何种产品，一定需要具备与该领域相关的专业能力、团队合作能力以及定义和解决问题的能力。智能产品隶属信息产品的范畴，其所需的能力和流程也与之类似，特别是与消费类电子、移动应用和互联网产品的设计有很多共性。但智能产品设计的重要支撑是人工智能等数字科技，因此智能产品设计的重要挑战是在能力和设计流程上响应新技术的特性。

### ▶ 一、团队组成及能力需求

不同类别的产品团队构成有所不同。软件产品团队结构相对简单，一般包括市场研究、产品设计、产品研发、产品运营等相关人员。硬件产品团队由于涉及生产制造等流程，团队部门更广、人员更多，团队中往往会有产品经理和项目经理两种角色，他们共同对产品项目进程负责。其中，产品经理负责协调与推进产品从市场调研到开发实现的整个过程，其工作包括设计与研发，与相关部门协作寻找产品需求，定义产品的发展方向；项目经理负责协调各部门，推进产品的开发与制造等。

#### （一）智能产品设计的团队组成

智能产品设计研发团队包括硬件设计团队和软件设计团队。其中，硬件设计团队一般包含市场研究、工业设计、结构设计、硬件设计、软件设计、生产制造、销售售后等相关成员。软件设计团队可能因公司和项目而异，但通常包括产品经理、交互设计师、视觉设计师、前端工程师、后端工程师、测试工程师等相关人员。

#### （二）设计团队的能力需求

智能产品设计团队需要的能力主要包括用户研究能力、技术能力、交互设计能力、工程设计能力、可视化能力、项目管理和协作能力。设计人员需要不断学习和提升自己的能力，以应对不断变化的市场需求和技术挑战。

（1）用户研究能力：智能产品需要以用户为中心进行设计，因此需要有深入的用户研究能力，能够了解用户的需求、偏好和行为，为产品提供可靠的用户需求分析和洞察。

（2）技术能力：智能产品通常依赖于先进的技术来实现其功能，因此需要设计人员具备扎实的技术能力，如人工智能、机器学习、大数据分析等方面的知识和技能。

（3）交互设计能力：智能产品的用户体验至关重要，需要有丰富的交互设计经验，能够设计出易于使用、高效、直观的界面和交互方式。

（4）工程设计能力：智能产品的设计需要考虑各种工程问题，如硬件和软件的互联、数据传输、传感器等技术细节，因此需要设计人员具备扎实的工程设计能力。

（5）可视化能力：智能产品需要采集和处理大量的数据，设计人员需要有数据分析和可视化的能力,能够从数据中提取有价值的信息,为产品提供支持。

（6）项目管理和协作能力：智能产品设计通常需要多个设计人员和工程师协作完成,因此需要设计人员具备优秀的项目管理和协作能力,能够高效地协调各种资源,提高团队成员之间的沟通和协作能力。

## ▶ 二、产品经理的职责与能力需求

### （一）产品经理的职责

产品经理(product manager)在企业中专门负责产品管理,是产品的主要负责人。产品经理负责市场调查并根据产品、市场及用户等的需求,确定开发何种产品,选择何种业务模式、商业模式等,推动相应产品的开发,同时根据产品的生命周期协调研发、营销、运营等,确定和组织实施相应的产品策略,以及其他一系列相关的产品管理活动。在任何项目的开始阶段,都需要先确定该岗位的人员,使整个项目拥有一位"掌舵者"。

（1）全面统筹和规划产品研发部的管理工作,结合企业战略目标、品牌理念和市场需求,确定企业产品矩阵,拟订开发计划。

（2）负责产品的整体核心技术,组织制订和实施技术决策和技术方案,指导、审核产品总体技术方案,对各项目进行最后的质量评估。

（3）参与产品的外观设计、结构设计、模具设计开发、技术难题攻关、功能设计和实现、性能调优等工作,保证项目的顺利实施。

（4）负责研发的日常管理,建立规范、高效的管理体系及工作流程,建设和发展优秀的队伍。

（5）根据企业经营方针和部门需要,合理设置研发部的组织结构和岗位,优化工作流程,开发和培养员工能力。

### （二）产品经理的能力需求

1. 需求分析能力

需求分析能力是指在接到一个需求之后,可以快速对其进行分析,得出准确的思路或结论,并且保证效率和正确性,避免出现返工。

2. 产品分析能力

产品分析能力主要是指在产品发布之后,根据具体运营数据,得出比较准确的结论,并提出科学的改进建议和方案。这项能力需求和数据分析师类似,但却是一名优秀的产品经理所必须具备的。

3. 产品设计能力

智能产品设计需要具备相关的专业知识和能力,如行业知识、技术知识、市场分析能力、数据分析能力等。产品经理只有具备了上述能力,才能更好地对产品负责。产品经理不一定具有技术专业背景,但懂技术的产品经理在产品定义的初期就可以保证产品的可行性,在设计方案和技术实现之间找到平衡点,在与开发者交流的过程中寻求思维的共性,从而实现更顺畅的沟通。根据产品设计不同阶段的目标,或者总体设计目标的不同,产品经理所需要的技术掌握程度也不同。

4.沟通协调能力

各类团队成员都会与产品经理产生交集,为保证整体项目的顺利进行,良好的协调沟通和上传下达的能力是非常重要的。

5.项目管理能力

很多企业的产品经理还兼具项目管理的职能。项目管理能力主要包括项目周期安排、需求对接、人员协调、进度把控、风险预估等。

一名优秀的产品经理,在项目团队中的作用一定不仅是产品经理,必要的时候,还是需求分析师、数据分析师、产品宣讲师等。

## ▶ 三、智能产品硬件设计的能力需求

智能产品硬件设计是指在智能产品设计中进行产品实物设计和开发,设计内容分智能产品外观设计与智能产品结构设计两大类。

### (一)智能产品外观设计的要求与能力需求

智能产品外观设计是指对产品的形状、图案、色彩或将其结合所做出的富有美感并适于工业应用的新设计。外观设计师是指在智能产品设计中负责外观设计的专业人员。其职责是将智能产品的功能、性能、材料和人机交互等要素融入产品外观设计中,以创造出具有美感、人性化和差异性的产品外观(见图 2-1)。

图 2-1　产品外观设计

1.外观设计的要求

(1)科学性。智能产品的外观属于技术美学部分,必须根据科学规律把外观美学设计和产品的技术设计等结合起来,做到科学性和艺术性的统一。智能产品的外观设计也就是解决好美学要求与产品功能、结构和工艺要求之间的关系。

(2)实用性。消费者购买商品主要是购买商品的实际使用价值,智能产品的外观是从属于产品使用价值的,它应有助于产品使用价值的更好发挥,甚至增加产品的使用价值。产品外观既要起装饰美化商品的作用,又要有利于消费者发挥商品的使用价值。

（3）经济性。智能产品的外观设计要做到经济实惠、价廉物美,外观设计成本应与产品本身的经济价值相适应。那种不惜工本装饰产品外观的做法,必然导致产品价格提高,加重消费者负担,影响产品的销售。同时也要注意使外观形象与真实内容相统一,不搞欺骗性外观设计,以此建立商品信誉。

（4）思想性和艺术性。智能产品的外观设计应当符合社会主流精神文明要求。无论是产品造型还是花色图案,都要有高度的思想性,反映高尚的情操。内容健康、格调高尚,有民族特色。同时,外观设计要有高度的艺术性,能给人以美的享受。产品的造型、色彩,装潢、图案等都要做到吸引顾客,起到刺激消费者购买欲望的作用。

2. 智能产品外观设计的要求

（1）智能产品的外观方案设计:包括外观形态、颜色、质感等方面。进行智能产品的人机交互和用户体验测试,以提升智能产品的使用体验和易用性。参与智能产品材料和工艺的选择和测试,以确保智能产品外观与智能产品功能的相匹配。协调设计团队和生产部门,以确保智能产品外观设计的顺利实施和生产。跟踪市场趋势和用户需求,以不断优化产品外观设计并提高产品差异化竞争力。外观设计师需要具备多种技能和能力,以创造出美观、人性化和差异化的智能产品外观。

（2）材质外观设计:任何智能产品都是以一定的材料,通过相应的生产手段制造出来的实际物体,除了形态设计之外,材质的好坏起了相当作用。这里的材质指材料的外观质地。

（3）表面肌理选择:肌理是人们对工业产品表面质量的反映,是一个复杂的生理、心理过程。按照心理学对客观具象生理、心理感受程序来分析,可以确立工业产品外观质量诸因素的表达媒介肌理,及其对人们生理、心理感受的传递模式。

（4）色彩设计:智能产品设计的色彩运用有其非常独特之处,色彩的运用是与材料的选用紧密地结合在一起的。设计师需要根据不同材质相同色彩、相同材质不同色彩、不同材质不同色彩所形成的巨大视觉差异,进行创意设计。

3. 智能产品外观设计的能力需求

（1）美学和设计能力:需要具备优秀的美学和设计能力,以设计出具有美感和吸引力的产品外观。

（2）人机交互和用户体验能力:需要了解和考虑人机交互和用户体验,以设计出符合人性化和使用习惯的产品外观。

（3）材料和工艺知识:需要了解和掌握不同材料和工艺的特性和应用,以设计出符合产品要求和生产工艺的外观。

（4）创新和差异化思维能力:需要具备创新和差异化思维能力,以设计出与众不同、具有差异性的产品外观。

### （二）结构设计的要求与能力需求

智能产品结构设计是指以产品内部结构和功能实现为主的产品工程设计。产品能否实现其各项功能,是否耐用、易用、与结构设计有直接关系。结构设计师是指在产品开发中负责产品结构设计的专业人员,其主要职责是根据产品的功能需求、材料特性、工艺要求等多方面因素,设计出合理的产品结构方案,为智能产品提供强有力的支撑和保障。

1. 结构设计的要求

(1) 根据智能产品的功能和要求,设计出合理的产品结构方案,包括支撑结构、固定结构、连接结构等方面。进行结构分析和计算,评估结构强度和稳定性,确保产品能够承受各种受力和变形。参与产品材料和工艺的选择和测试,以确保产品结构与产品要求相匹配。跟踪产品生产过程中的结构问题,及时解决各种结构方面的问题,确保产品的质量和稳定性。

(2) 智能产品各组成零件之间的性能搭配。对于很多装配产品来说,如手机、计算机、汽车、飞机等,都是成千上万个零部件进行装配构成系统,以实现相应的功能。各零部件如何通过科学的装配来实现相应功能,则是结构设计的重要内容。

(3) 空间设计是否协调合理。现在的产品都在往微、精的方向发展,而智能产品结构的空间设计也就变得尤为重要。例如手机,如何在实现各个部件之间的紧密衔接的同时,又实现科学的散热和排线。

(4) 整个系统中各部分的结构关系。一个智能产品都是由各个不同功能的模块共同组成一个完整的系统,而这些模块之间又有着相互的关联。例如在手机中,电话和短信功能、网络和各个软件等,这就是系统上的结构设计。

2. 结构设计的能力需求

智能产品结构设计是对产品的造型、结构和功能等方面进行综合性的设计,所需要的能力以生产制造出符合人们需要且经济、美观的产品为关键,这样的产品才能深受消费者的青睐。

(1) 选择合理材料的能力:所有智能产品都是由材料构成的,在设计智能产品时,首先考虑的就是材料的使用,材料不仅决定了智能产品的功能,还决定了智能产品的价格。所以在选用材料时,要根据智能产品的应用场所、市场定位、智能产品功能等来进行选择。

(2) 选用优秀结构的能力:智能产品结构设计不是越复杂越好,相反,在满足智能产品功能的前提下,结构越简单越好。越简单的结构在模具制作上就越容易,越简单的结构在生产装配上就越轻松,出现的问题就越少。

(3) 尽量简化模具结构的能力:智能产品需要在模具成型后制造出来,复杂的结构会增加模具的成本。在进行结构设计时,有模具倒扣的地方要尽量处理,让产品能够正常出模。

(4) 成本控制的能力:成本的高低直接决定智能产品在市场上的竞争力,在满足客户需求,保证质量的情况下,尽可能的优化智能产品结构设计,从而降低制造成本。

(5) 进行三维建模和设计软件的能力:熟练掌握各种三维建模和设计软件,以实现结构方案的设计、优化和验证。

(6) 创新和解决问题的能力:具备创新和解决问题的能力,能够在保证结构强度和稳定性的前提下,为智能产品提供更加合理和优秀的结构方案。

## ▶ 四、智能产品软件设计的能力需求

智能产品软件设计是指对实物产品中所运行的数字内容部分进行设计,需要对软件系

统设计有深入的了解,包括设计原则、设计模式、软件架构等方面的知识,能够通过设计实现系统的高效、可靠、可扩展等特性。首先,软件设计人员需要了解常见的设计原则,如单一职责原则、开放封闭原则、里氏替换原则等。这些设计原则能够帮助软件设计人员更好地组织和管理代码,提高代码的可读性、可维护性和可扩展性。其次,软件设计人员需要了解各种常见的设计模式,如工厂模式、单例模式、观察者模式等。设计模式是一种解决特定问题的通用解决方案,能够帮助软件设计人员更好地组织和管理代码,提高代码的可重用性和可扩展性。最后,软件设计人员需要掌握良好的设计流程,包括需求分析、设计、编码、测试和维护等方面的知识。良好的设计流程能够帮助软件设计人员更好地理解用户需求,从而设计出更好的软件产品,并且能够有效地组织和管理软件开发过程,确保软件的质量和稳定性。

总之,软件设计能力是非常重要的,软件设计人员需要通过学习和实践不断提高自己的设计水平,以设计出更加优秀的软件产品。

### (一)交互设计的要求和能力需求

交互设计可以用简单的术语来理解:它是用户和智能产品之间交互的设计。大多数情况下,当人们谈论交互设计时,往往是软件产品,如应用程序。交互设计的目标是创建使用户能够以最佳方式实现其目标的产品。

1. 交互设计的要求

在交互设计过程中,有以下要求。

(1)进行用户研究和需求分析,确定智能产品的交互设计方向和策略。

(2)设计智能产品的信息架构和流程,确保用户能够快速、准确地找到所需信息和功能。

(3)设计界面和视觉元素,确保产品的易用性和用户体验。

(4)制作交互设计和原型图,进行交互设计的验证和调整。

(5)设计过程中应与其他团队成员协同工作,确保产品的各个方面都能够得到充分的考虑和实现等。

2. 交互设计的能力需求

(1)用户研究和分析能力。交互设计师需要通过调研和用户分析,了解用户需求和行为,以确定智能产品的交互设计方向和策略。

(2)信息架构和流程设计能力。交互设计师需要设计合理的信息架构和流程,以实现用户的信息浏览和操作流畅性。

(3)界面设计和视觉设计能力。交互设计师需要设计美观、清晰、易于理解的界面和视觉元素,以提升智能产品的易用性和用户体验。

(4)交互设计和原型设计软件操作技能。交互设计师需要熟练掌握各种交互设计和原型设计软件,以实现交互设计的具体实现和验证。

(5)创新和解决问题能力。交互设计师需要具备创新和解决问题的能力,能够在用户需求和智能产品要求的基础上,设计出具有创新性的交互设计方案。

### （二）UI 设计的要求和能力需求

UI 设计是指在人机交互过程中，为用户提供的可视化界面设计（见图 2-2）。UI 设计旨在创造一个美观、易用、高效、直观的智能产品用户界面，以提升用户体验并满足用户需求。其技术内容包括布局设计、色彩设计、图标设计、字体设计、交互元素设计等多个方面。

图 2-2　UI 设计

1. UI 设计的要求

（1）简易性。界面的简洁是为了便于用户使用、了解智能产品，并能减少用户发生错误选择的可能性。

（2）使用用户语言。界面中要使用能反映用户本身的语言，而不是设计者的语言。

（3）记忆负担最小化。人脑不是计算机，在设计界面时必须要考虑人类大脑处理信息的限度。人类的短期记忆有限且极不稳定，24 小时内存在约 25％ 的遗忘率。所以对用户来说，浏览信息要比记忆更轻松。

（4）一致性。这是每个优秀界面都具备的特点。界面的结构必须清楚且一致，风格必须与智能产品内容相一致。

（5）结构清晰。在视觉效果上做到便于理解和使用。

（6）符合用户的认知。用户可通过已把握的知识来使用界面，但不应超出一般常识。

（7）符合用户习惯。想用户所想，做用户所做，按照用户习惯进行设计。通过比较两个不同世界（真实与虚拟）的事物，设计出符合用户习惯的界面。

（8）排列有序。一个有序的界面能让用户使用时更方便。

（9）安全性。用户能自由作出选择，且所有选择都是可逆的。在用户作出危险的选择时有信息参与系统的提示。

（10）灵活性。方便用户使用，但不同于上述设计要求，即互动多重性，不局限于单一的工具（如鼠标、键盘或手柄、界面）。

（11）人性化。高效率和用户满足度是人性化的体现。应具备专家级和低级玩家系统，即用户可依据自己的习惯定制界面，并能保留设置。

2. UI 设计的能力需求

（1）良好的美学素养。需要具备良好的美学素养，了解色彩、排版、比例、对比度、字体等设计原则和技巧，以创造美观、协调的设计。

（2）用户体验设计能力。需要了解用户行为和心理，具备用户体验设计的能力，设计符合用户习惯、简单易用、交互友好。

（3）技术能力。需要熟悉各种界面设计软件，如 Photoshop、Illustrator、Sketch 等，了解前端开发技术，以便更好地理解和应用设计。

（4）项目管理和协作能力。需要具备良好的项目管理和协作能力，能够与其他设计师、开发人员和产品经理等协作，以确保设计与产品要求一致，按时交付设计成果。

（5）学习能力。需要具备不断学习和探索的能力，了解最新的设计技术和趋势，不断提升自己的设计水平和创新能力。

## ▶ 五、设计权衡

设计权衡是指在设计过程中，对于不同方案进行评估和选择的过程，在面对不同的可能性和限制条件时，设计师需要权衡各种因素，寻找最佳解决方案。

### （一）侧重点差异

因智能产品软件与硬件团队的设计内容方向不同，因此在设计过程中关注的侧重点也有所不同。

大多数软件智能产品用户数量与用户黏性是产品成功的重要因素。智能产品软件内容在设计开发过程中一般不涉及生产制造的时间与费用消耗。因此，在设计开发阶段，团队侧重于在保证主要功能的前提下，尽可能快地实现产品，并交付给用户使用，以占领市场优势，并通过用户的真实信息及时发现问题并进行修正。生活中各类软件、平台的"先行版""试用版"就是典型的例子。对智能产品硬件来说，在将产品真正制造出来后，再进行修改是非常困难的。因此，硬件产品团队在设计开发阶段更侧重全面考虑各类因素，确保过程中每一阶段的可行性与合理性，并及时解决过程中发现的问题。

在智能产品发展阶段，软件产品的主要盈利模式有免费与收费两种，两种模式中用户的数量与持续使用产品的意愿都是产品持续盈利的关键因素。因此，软件产品团队以用户为中心，尽全力提升产品的用户体验，以此保障用户数量，实现盈利，从而支撑团队与产品本身的发展。对于硬件产品而言，用户尝试产品的前提是已经购买了产品。因此，产品团队在考虑产品本身是否能够满足用户需求之外，还要考虑如何调动用户的购买意愿。硬件产品团队通过分析方案成本、用户的价格预期、产品的收益比等因素，从而制订相应的策略吸引用户购买产品，使企业从中获利。

### （二）开发模式差异

软件产品开发过程通常经历设计开发、上线测试、获得反馈、针对性优化几个阶段。其中，精益创业与敏捷开发是软件产品常用的两种模式，它们都遵循快速迭代、直面用户的原则。

精益创业是一种缩短智能产品开发周期、快速验证产品是否可行的方法与理念,由硅谷企业家埃里克·莱斯(Eric Ries)提出:创新团队可以借由整合"以实验验证商业假设""快速更新产品""最小可行性产品"与"验证式学习",来缩短产品开发周期。由此,团队可以将产品与服务尽早提供给使用者进行试用,根据用户反馈及时调整产品,减少市场的风险。

敏捷开发以满足用户需求为核心目标,将功能分解成最小开发单元,采用迭代、循序渐进的方法进行软件开发,使智能产品一直处于可用的状态,同时保持产品快速稳定的迭代更新。它能够适应开发过程中用户需求的快速变化,更加注重开发过程中用户的作用。

上述两种模式能够快速验证软件产品在真实市场中的需求,并通过试错灵活调整方向。但是,敏捷开发这种快节奏、多次迭代的开发模式并不适用于硬件产品。

第一个原因是产品开发成本。就成本而言,如果要对产品进行改进,硬件产品所需花费的成本一般比软件产品要高。软件产品可以通过修改或重新编写系统逻辑的方式快速调整现有产品;硬件产品由实体元器件构成,它们在制作与装配完成后不易拆分与重构,修改硬件产品的成本与重新设计开发的成本相当。就时间成本而言,由于硬件产品的开发与制作涉及相关元器件的采购与生产,因此硬件产品普遍需要比软件产品更多的开发时间。

第二个原因是产品本身特性。硬件产品在交付给用户后,若出现质量问题,是无法像软件一样通过打补丁或者快速迭代的方式解决的,等候产品企业的是无尽的售后与赔偿。然而,无论是退换货还是召回,它们都会给企业造成严重的损失,甚至会导致公司倒闭。

因此,硬件产品的设计与开发更关注前期规划与决策,它要求在一个产品设计与开发周期中规划并完成所有的功能与开发任务。就如同发射火箭一样,发射的机会只有一次,因此要在前期进行周密的规划与设计。硬件产品在产品研发之前会花费更多的精力进行市场评估与规划,团队通过分析对产品的定位、功能、成本、售价、技术、利润点进行精准分析和规划,确定可行性后才会立项进入研发阶段。

## 第二节　智能产品设计的基本原则

### ▶ 一、产品设计原则

设计是使产品增值的重要手段,在对不同类别的产品进行设计的过程中,有很多原则要注意。一般来说,产品设计需要遵循如表 2-1 所示的五项原则。

表 2-1　产品设计原则

| 原则名称 | 描述 |
| --- | --- |
| 美观性原则 | 产品设计应注重外观美观,吸引用户的视觉体验 |
| 舒适性原则 | 产品设计应考虑用户的舒适感,提供符合人体工程学的使用体验 |
| 经济性原则 | 产品设计应在控制成本的前提下,追求经济效益和资源利用的最佳平衡 |
| 用户需求性原则 | 产品设计应以满足用户需求为核心,提供实用性和功能性的解决方案 |
| 生产性原则 | 产品设计应考虑制造和生产的可行性,提高生产效率和产品质量 |

## （一）美观性原则

美观性是产品设计中非常重要的一个要素，它决定了产品是否能够受到用户的欢迎。美观的产品能够提高用户的使用体验，增强品牌形象，从而使其具有更强的市场竞争力。因此，美观性设计已经成为现代产品设计中不可或缺的一个环节。在美观性设计中，色彩是关键因素之一。正确的色彩搭配可以使产品更加美观、更具有吸引力。设计师应该选择适合产品的色彩，并在色彩搭配上注重平衡、协调和对比，以达到最佳的视觉效果。

创新和差异化是美观性设计的重要手段之一，可以使产品脱颖而出、与众不同。设计师应该在设计中注重创新和差异化，寻找独特的设计元素和灵感，创造具有个性和品牌形象的产品。

## （二）舒适性原则

舒适性是产品设计的重要组成部分，它决定了产品能否被用户接受。舒适的产品能够提高用户的使用体验和健康安全性，增强品牌形象，从而使其具有更强的市场竞争力。人体工学设计是舒适性设计的基础，它可以使产品更符合人体工程学原理和人体结构，减少使用者的身体疲劳和不适感。设计师应该注重产品的人机交互界面设计、产品外形和手感等方面，使其符合人体工学原理，提高产品的舒适性。功能的合理布局是舒适性设计的关键之一，它可以使产品更加便于使用和控制。设计师应该根据产品的使用场景和用户需求，合理布局产品的功能和控制模块，使其符合使用者的习惯和操作方式，提高产品的舒适性。材料选择和表面处理直接影响产品的触感和舒适性。设计师应该选择符合产品功能和外观的材料，并在材料的质感、表面的处理等方面注重细节，以改善产品的触感。

## （三）经济性原则

产品的经济性是指在保证所有功能与品质的同时，其价格可以让更多的家庭轻松购买，尽可能地扩大消费群体，使高性价比的产品真正走进千家万户。例如宜家，消费者可以在宜家选到各种质优价廉的心仪产品；再如小米空气净化器，亲民的价格体现高性价比，在它出现之前空气净化器只是少数人的消费品，它的出现使越来越多的人消费得起净化器产品。

## （四）用户需求性原则

任何产品设计都要讲究人性化。人性化的本质是以人为中心的设计，把人的因素放在首位，强调人、产品、环境、社会之间相互依存、互促共生的关系。造型、彩色、材质、功能等方面都可以体现产品的人性化。对智能家居产品来说，简单、多样化的交互方式更能满足消费者对于人性化的需求，同时产品也要能自动为用户解决问题。例如，一盏可以语音控制的智能台灯，它摒弃了传统的毫无情感交流的开关按键，使用语音交互方式控制产品，一句"关灯"就完成指令，这样的产品会省去用户很多精力。

### （五）生产性原则

可以批量生产制造是产品设计的基本标准。现有的一些智能产品在设计之初设想很完美，但在生产过程中遇到无法解决的硬件问题，导致产品在使用过程中出现质量问题，这是很常见的现象。智能产品一般都很复杂，每个零件的可靠性往往决定了整个产品的寿命。可以通过简化设计，或以最少的组件实现产品的全部功能来提高产品安全可靠性及稳定性，也可以采用超过需要的安全系数来增加稳定性。另外，设计产品时应该考虑到后期维修的方便性和有效性。

## ▶ 二、智能产品设计原则

智能产品设计需要遵循如表 2-2 所示的五项原则。

表 2-2　智能产品设计原则

| 原 则 名 称 | 描　　述 |
| --- | --- |
| 扩展性原则 | 智能产品要符合行为标准，能与其他设备互联互通 |
| 设计主动性原则 | 智能产品应主动与用户互动，提供主动的反馈和引导，以增强用户参与感 |
| 环境适应性原则 | 智能产品应能够适应多样化的环境和使用场景，提供灵活性和可定制性 |
| 流程清晰性原则 | 智能产品设计应简洁明了，界面和功能操作应清晰易懂，以减少用户的认知负担 |
| 流畅性原则 | 智能产品设计应追求流畅的用户体验，操作和交互应顺畅自然，减少用户不必要的干扰和中断 |

### （一）扩展性原则

在智能产品设计不断发展的过程中，智能产品的标准会越来越完善，不同厂商之间系统的兼容性和互联性会越来越高。这就要求智能产品在设计过程中要符合行业标准并且要具备扩展性，需要增加功能或与第三方受控设备进行互联互通时可以完美的对接，这也是未来智能产品发展的趋势。除了产品与产品间的拓展，在跨界服务方向也要体现智能产品的拓展性。很多互联网公司搭建智能平台与传统产业进行跨界合作，实现优势互补，为消费者提供更好的服务，让消费者体验真正的智慧生活。

### （二）设计主动性原则

设计与产品是对应关系，用户直接使用产品，设计直接作用于用户，因此应具有为用户设计的主动性。智能产品设计过程中需要更加精确的分析用户属性，通过用户反馈加强系统逻辑的构建。智能产品设计需要具备为用户设计的主动性原则，以人为中心，从而保证在用户的角度是主动体验产品而不是被动地操作。

### （三）环境适应性原则

智能产品设计是一个系统性的设计，需要考虑空间环境、用户适配等多方面因素，环境是其存在的必要条件,其匹配关系是决定产品使用体验的重要因素。因此,在智能产品交互设计中应考虑环境的适应性原则。环境因素不仅是智能产品存在的载体,在产品的使用过程中,环境还可以依据智能产品的不同需求做出相应的服务拓展,配合产品优化使用体验。

### （四）流程清晰性原则

智能产品设计的本质是使用户更好地使用产品。用户使用产品是为了达到使用目的,简单并直接达到目的可以使用户获得更愉悦的使用体验。智能产品通过硬件与软件的配合对用户的操作流程进行判断和预测,操作流程的合适与否直接影响用户体验,因此在智能产品的设计中应遵循流程清晰的设计原则。

### （五）流畅性原则

流畅性是指用户在使用智能产品时所感受到的无缝对接和自然的感觉。为了实现流畅性,设计师需要将产品的各个部分融为一体,确保产品的界面和操作流程简洁、明了,并使用户在使用产品时可以自如地完成各项操作。在设计智能产品时,设计师需要考虑用户的需求和使用场景,注重产品的流畅性、一致性、简单性、反馈性和可见性,以确保产品具有高效性和可操作性。同时,设计师还需要持续地优化产品设计,以适应用户不断变化的需求和使用场景。在实际设计中,可以通过以下方式来实现流畅性原则:基于用户需求进行设计,了解用户的使用场景和习惯,设计出符合用户需求的产品;保持一致性,在界面设计、交互设计和图标设计等方面保持一致,使产品整体风格协调统一;简化设计,尽量减少界面元素和功能,保持产品的简洁性和易用性;添加反馈机制,及时向用户提供操作反馈,让用户清晰地了解产品的状态和变化;突出重点,使用明确的操作指示和标签,使用户能够快速找到所需功能,并掌握操作方法。

## 第三节　智能产品的设计方法

工业产品设计从工业革命早期发展至今,经过了多次设计方法的探讨与改进。进入智能产品时代,数字科技带来产业与用户体验的改变,如何探索最有效的设计方法依然是多年来工业产品设计师研究的主要内容。通过不同的设计方法切入设计痛点,能够更全面分析与研究设计过程中遇到的问题,并针对现有问题给予更直观的信息反馈,进一步服务后续产品概念的实现与落地。

### ▶ 一、头脑风暴法

头脑风暴法(brainstorming)在设计领域中广受推崇。该方法也被称为脑力激荡法,旨在激发创造力和强化思考能力。它由美国 BBDO 广告公司创始人亚历克斯·奥斯本于1938 年首创。团队成员可以通过头脑风暴会议来集思广益,提出新颖的想法和解决方案。

头脑风暴法有很多优点。它能消除妨碍自由想象的各种限制,使小组成员人人平等,在轻松愉悦的气氛中自由联想,有助于新创意的出现。集体讨论能够满足人们进行社会交往的需要,能大幅提高工作效率。在相同的时间内,集体活动可以比个体活动产生更多创意,也就更有可能产生高质量的问题解决方案。

头脑风暴法也有一些局限性。例如,小组成员之间若有矛盾或冲突,就会形成不愉快的气氛,从而抑制了思维的自由性和新创意的产生。有时因为头脑风暴会议失控,使头脑风暴会议违背了"暂缓批评"的规则,出现消极评价甚至相互批评或谴责。因此,在使用头脑风暴法时,需要遵循以下四项基本规则。

## (一)头脑风暴法的基本规则

### 1. 追求数量

量变引起质变,前期概念的大量积累是未来从中选取更好创意的数量基础。提出的设想数量越多,越有机会出现高明有效的方法。

### 2. 暂缓批评

在头脑风暴活动中,针对新设想的批评应当暂时搁置一边。相反,参与者要集中努力提出设想、扩展设想,把批评留到后面的批评阶段里进行。若压下评论,与会人员将会无拘无束地提出不同寻常的设想。

### 3. 提倡独特的想法

要想有多而精的设想,应当提倡与众不同。这些设想往往出自新观点中或是被忽略的假设里。这种独特的思考方式将会带来更好的主意。

### 4. 综合并改善设想

多个好想法常常能融合成一个更棒的设想,很多时候产生 1＋1＞2 的效果。

## (二)头脑风暴法的实施方式

### 1. 组织形式

(1)小组人数一般为 10～15 人,最好由不同专业或不同岗位的人员组成。

(2)会议时间一般为 20～60 分钟。

(3)设主持人一名,主持人只主持会议,对设想不作评论;设记录员 1～2 人,要求认真将与会者每一设想(不论好坏)都完整地记录下来。

### 2. 实施步骤

(1)会前准备:参与人、主持人和课题任务"三落实",必要时可进行柔性训练。

(2)设想开发:由主持人公布会议主题并介绍与主题相关的参考情况;突破思维惯性,大胆进行联想;主持人控制好时间,力争在有限的时间内获得尽可能多的创意性设想。

(3)设想的分类与整理:一般分为实用型设想和幻想型设想两类,前者是指如今技术工艺可以实现的设想,后者指如今的技术工艺还不能完成的设想。

(4)完善实用型设想:对于实用型设想,再用头脑风暴法进行论证、二次开发,进一步扩大设想的实现范围。

(5)幻想型设想再开发:对于幻想型设想,再用头脑风暴法进行开发,通过进一步开发,有可能将创意的萌芽转化为成熟的实用型设想,这是头脑风景法的一个关键步骤,也是该方法质量高低的明显标志。

（6）团队讨论方案：参与者围坐在一起（见图 2-3）,随意将脑海中和研讨主题有关的见解提出来,然后将大家的见解重新分类整理。在整个过程中,无论提出的意见和见解多么可笑、荒谬,其他人都不得打断和批评,以此产生新观点和解决问题的方法。

图 2-3　团队讨论方案

## ▶ 二、思维导图法

思维导图由英国的托尼·博赞提出,是一种辅助思考工具。思维导图在平面上从一个主题出发画出相关联的对象,像一个心脏及其周边的血管图,故称为"思维导图"。由于这种表现方式比单纯的文本更加接近人们思考时的空间性想象,所以被越来越广泛地用于创造性思维过程中。可以利用头脑风暴图开发核心概念或寻找核心问题,找出特点、论据以及相关想法。制作头脑风暴图有两种不同的方式：可以首先确定中心,然后向外扩展；也可以先确定所有的组成部分,再精确提炼,最后确定中心主题。

思维导图有许多优点,它能帮助人们更好地组织和表达思想,提高记忆力和理解能力。但是,思维导图也有一些局限性。例如,它需要一定的时间和技能才能掌握使用方法。此外,不同人对于如何组织和表达信息可能有不同的看法,因此使用思维导图时可能会出现理解上的困难。总之,思维导图是一种非常有用的工具,但需要合理使用才能发挥最大效用。

### （一）思维导图法的基本规则

1. 中心主题

将主题写在纸张的正中心,保证焦点清晰地集中在中心主题上。

2. 四周放射

词汇是肉体,线条是骨架,以线条上的词或图为分支,从中央向四周放射。

3. 层级结构

基于联想逻辑而不是时间逻辑,用层次和分类组织思想并形成一个整体结构。

### （二）思维导图法的实施方法

1. 组织形式

常见的六种思维导图组织形式包括逻辑图、树形图、时间线、鱼骨图、组织架构图、树形表，下面结合图示来具体介绍这六种基本形式。

（1）逻辑图。包括左右逻辑图、向左逻辑图、向右逻辑图，是思维导图最基础的结构，可以用来发散和纵深思考，表达基础的总分关系（见图2-4）。

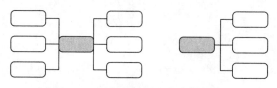

图 2-4　左右逻辑图和向右逻辑图

（2）树形图。树形图是一种较为简单的形式，其特征是以一个主题为中心，向外延伸二级、三级主题，主要是用来对事物进行分组或分类，也称为向下分类图（见图2-5）。

（3）时间线。常见的时间线分为向右时间线与S形时间线，用来表示时间顺序或者事情的先后逻辑（见图2-6）。

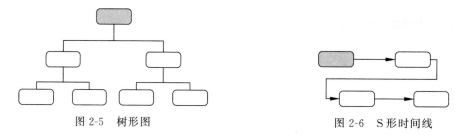

图 2-5　树形图　　　　　　　　　　图 2-6　S形时间线

（4）鱼骨图。鱼骨图是一种发现问题根本原因的分析方法，一般分为向左鱼骨图和向右鱼骨图，它能比较清晰地分析因果关系，通常用于进行事件分析、因果分析、问题分析等（见图2-7）。

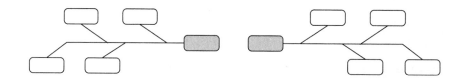

图 2-7　向左鱼骨图、向右鱼骨图

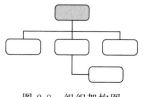

图 2-8　组织架构图

（5）组织架构图。组织架构图适用于一些大型企业，将企业内在联系绘制出来，更好地反映和表达出企业中各部门之间的关系，让员工对自己的隶属关系更加清晰，对其他部门的人员结构更加明了，增强制作的协调性，通常用来做组织的层次人员构建或者金字塔结构（见图2-8）。

（6）树形表。一般用于分类规划，总结知识点，有利于梳理汇总（见表 2-3）。

表 2-3　树形表

活动内容筹划安排表

| 事件 | | 执行细则 | 时间安排 | | | | |
|---|---|---|---|---|---|---|---|
| | | | 6.1 | 6.2 | 6.3 | 6.4 | 6.5 |
| 活动筹划 | 物料设计与制作 | 提示贴纸 | | | | | |
| | | 设计说明手册 | | | | | |
| | | 留言纸 | | | | | |
| | 落地设计与线上设计 | 流程梳理 | | | | | |
| | | 方案撰写 | | | | | |
| | | 页面设计 | | | | | |
| | | 技术开发 | | | | | |
| | | 测试与调试 | | | | | |
| | 审核与美化 | 推文书写 | | | | | |
| | | 内容审核 | | | | | |
| | | 分工美化 | | | | | |

2. 实施步骤

（1）选择思维导图工具或者手绘：思维导图软件工具有很多种，如 Mindjet 公司的 Mindjet 是专业的思维导图工具，XMind 公司的跨平台开源码版 XMind 和商业专业版 XMind，以及微软的 Visio 2002 及以上版本提供了部分绘制思维导图的功能。

（2）新建思维导图：根据需求，选择一个思维导图形式，如鱼骨图、时间线、组织架构图等。

（3）确定主题内容，开始创作：从中心主题出发，确定中心主题内容，开始创作，增加同级主题和子主题。

（4）优化完善思维导图：优化样式，导图内的文本、字体、主题、颜色、线条、边框等均可以调整设置，用来突出重点；选择主题风格，可以设置彩虹分支，让思维导图更直观，便于观看和理解；添加图标备注，使内容生动形象。

### （三）头脑风暴法与思维导图法的关系

头脑风暴法和思维导图法之间有着密切的关系。头脑风暴法是一种激发创造性思维的方法，它通过小组讨论和交流想法来产生新观念或激发新设想。而思维导图法则是一种辅助思考工具，帮助人们更好地组织和表达思想。在头脑风暴过程中，可以使用思维导图来记录和整理小组成员提出的想法。这样可以帮助参与者更好地理解彼此之间的关系，并在此基础上产生新的想法。同时，思维导图也可以用来展示最终的结果，帮助团队成员更好地理解和记忆讨论内容。总之，头脑风暴法和思维导图法相辅相成，可以一起使用来激发创造性思维并帮助人们更好地组织和表达思想。

## ▶ 三、戈登法

戈登法（Gordon）是由美国麻省理工学院教授威廉·戈登于 1964 年始创的，又称教学式头脑风暴法或隐含法。戈登法是一种由会议主持人指导并进行集体讲座的技术创新技法。其特点是不让与会者直接讨论问题本身,而只讨论问题的某一局部或某一侧面,或者讨论与问题相似的另一问题,又或者用"抽象的阶梯"把问题抽象化后向与会者提出。主持人对提出的构想加以分析研究,一步步地将与会者引导到问题本身上。

戈登法是由头脑风暴法衍生而来的,是适用自由联想的一种方法。戈登法与头脑风暴法的不同之处在于提出问题时"欲纵故隐",隐去问题的明确形态,只取近似的"内涵"加以"含蓄"地表达,使与会者不知道真正的意图和目的是什么,这样在思维发散时能做到无拘无束(见表2-4)。戈登法的优点是将问题抽象化,有利于减少束缚、产生创造性想法,难点在于主持者应该如何引导。

表 2-4　实质性问题与戈登法主题对比

| 实质性问题 | 戈登法主题 | 实质性问题 | 戈登法主题 |
| --- | --- | --- | --- |
| 新型红酒开瓶器 | 开启 | 电动牙刷 | 去污垢 |
| 冰箱 | 储藏 | 割草机 | 分离 |
| 改进轴承 | 无摩擦 | | |

## (一)戈登法的基本规则

(1)变陌生为熟悉,即运用熟悉的方法处理陌生的问题。

(2)变熟悉为陌生,即运用陌生的方法处理熟悉的问题。戈登法能避免思维定式,使人们跳出思维定式去思考,充分发挥群体智慧,以达到方案创新的目的。

## (二)戈登法的实施方式

1. 组织形式

(1)由领导者主持讨论,同时要完成将参加者提出的论点同真实问题结合起来的任务。

(2)成员人数5~12名,尽可能由不同专业的人参加。参加者必须预先对戈登法有深刻的理解,否则会感到不愉快。

(3)会议时间一般为3小时,这是因为寻求来自各方面的设想需要较长的时间,且会议进行到某种程度的疲劳状态时,有可能获得无意识中产生的设想。

(4)最好是在安静的房间中进行,一定要将黑板或记录用纸挂在墙上,参加者可将设想和图表写在上面,形成愉快轻松的氛围。

2. 实施步骤

(1)领导者决定主题:认真分析实质问题,概括出该事物的功能作为主题。必须在"揭示实质问题,能更广泛地提出设想"的情况下进行。

(2)召开会议:主题决定以后,领导者召开会议,让参加者自由发表意见。当与实质性问题有关的设想出现时,要马上将其抓住,使问题向纵深发展,并给予适当的启发,同时指出方向,使会议继续下去,在最佳设想好像已经出现,时间又将接近终点时,要使实质问题逐渐明朗化后,再结束会议。

### (三)戈登法与头脑风暴法的不同之处

头脑风暴法在会议一开始就将目的提出来,这种方式容易使见解流于表面,难免肤浅;头脑风暴法会议的与会者往往坚信唯有自己的设想才是解决问题的上策,这就限制了他的思路,提不出其他的设想。为了克服头脑风暴法的缺点,戈登法规定除会议主持人外,不让与会者知道真正的意图和目的。在会议上把具体问题抽象为广义的问题来提出,以引起人们广泛的设想,从而得出解决问题的方案。

例如,寻求烤面包器的构想时,按照头脑风暴法是提出一个新的烤面包器的构想,但是一旦受到传统方法的限制,新颖的构想就难以提出来;按照戈登法则以烧烤制作为主题,寻求各种有关烧制方法的创意构想,有关的成员完全不知道真正的课题,只有领导者知道,采用从成员的发言中得到启示的方法,推进方案的实施。

戈登法与头脑风暴法在人员构成方面的显著区别是戈登法要求有一个高素质的领导者作为主持人,也要求成员们的积极配合。领导者和与会者应具有更好的创意启动力和领悟亲和力,是较高层次的群体创造性思考方式。

## ▶ 四、垂直思维法

垂直思维(vertical thinking)又称直向思维、收敛性思维,是一种按部就班的思维方式。它由亚里士多德首先提出,其思考方式主要为单线定义问题,必须遵守既定流程,在问题解决前没有其他更改方式或途径,它与水平思维相互对应。

垂直思维法的主要特征是线性思维,即通过逻辑推理和步骤性地分析来解决问题。在垂直思维中,问题通常被严格定义,并根据事先确定的规则和程序进行处理。这种思维方式在许多领域都很重要,特别是在需要精确和准确的问题解决方案的领域,如工程和科学等领域。垂直思维法的优点是比较稳妥,有一个较为明确的思维方向。但垂直思维法也有一个很大的缺陷,那就是这种思维方法偏重于以往的经验、模式,跳不出固有模式,是对旧意识进行重版或改良。

### (一)垂直思维法的基本规则

(1)垂直思维法按部就班、循序渐进,不仅要求每一步骤及每一阶段都必须是绝对严格的,而且要求推论过程中的每一事物都要接受严格的定义及正确无误的推论。

(2)垂直思维法顺应人的自然本能,因为垂直思维法重视高度可能性,而人在面对问题时,往往会被可能性最高的解释吸引,并沿其继续发展。

### (二)垂直思维法的实施方法

(1)定义问题:明确需要解决的问题是什么。

(2)收集信息:收集有关主题的信息和数据。

（3）分析信息：对收集到的信息进行分析，找出其中的模式和规律。

（4）提出假设：基于已有信息和分析结果，提出假设来解决问题。

（5）进行实验：利用收集到的数据和假设进行实验。

（6）分析实验结果：对实验结果进行分析，判断是否符合假设和解决问题的需求。

（7）得出结论：基于实验结果得出结论，并将结论用于开发产品。

（8）推广应用：将开发出的产品推广到更广泛的应用领域。

以上步骤不是必须按照顺序执行，但在执行过程中需要保证每一步骤都必须是严格的，要接受严格的定义，推论正确无误。同时，需要注意避免画地自限和妨碍新概念的产生。

## ▶ 五、水平思维法

水平思维法（lateral thinking）又称发散式思维法。水平思维法是英国心理学家爱德华·德博诺博士所倡导的创意思维法，因此，此方法通常又被称作德博诺理论。

水平思维也称横向思维或非线性思维，是一种摆脱非此即彼思维方式的思维方法，也是摆脱逻辑思维和线性思维的思维方法。在水平思维法中，人们致力于提出不同的看法，每个不同的看法不是互相推导出来的，而是各自独立产生的。

### （一）水平思维法的基本规则

（1）摆脱固有观念的束缚：固有观念指支配人们的观念，是人们常用的看待世界的方式，可以将常用固有观念写出来，质疑固有观念，勇于认错。

（2）多角度多侧面的看待问题。

（3）不必要求每一步都正确：人类的知识是相对有限的，逻辑上错误的东西在实践中不一定是错误的，逻辑上正确的东西在实践中不一定是正确的，因此勇于尝试是关键。

（4）重视偶然发生的事件：偶然性有助于产生创造性。X光之所以被发现，是因为伦琴忘了把一个特别准备的荧光屏从他正在研究高速电子的实验桌上拿走。如何主动创造偶然性？一是漫无目的的尝试，二是头脑风暴法。

### （二）水平思维法的实施方法

（1）随意输入法：选择一个焦点，再从书本或网络上任意选取一个名词，把两者联系起来，就可以进行创造性思考。

（2）反向型激发：先找出正常方向或常规方向，然后提出与这个方向相反的观点。

（3）摆脱型激发：先找出一些被认为理所当然的事物，然后从这些事物中摆脱出来，对此进行取消、否定、抛弃、去除，产生新的事物。

（4）扭曲型激发：事物之间总存在着一定的联系，行动之间也存在着一定的顺序，扭曲型激发就是找到这种常规动作，然后进行扭曲操作。

（5）妄想型激发：提出一个明知道不可能达到的幻想，然后想办法去实现。

### （三）垂直思维法与水平思维法的不同之处

爱德华·德博诺曾经对于"垂直"和"水平"思考提出一个非常传神的比喻,也可以凸显这两种思考方式的差别：逻辑是工具,用来把洞钻得愈深、愈大、愈好。但是如果挖的地方不对,那么不管怎样改善这个洞都于事无补。尽管这是个显而易见的道理,但许多人却似乎仍觉得在同一个地方挖下去,比挖个新洞容易得多。

垂直思考就是把原来的洞挖深；水平思考就是另外再挖个洞试试看。

由此可见,区别于垂直思维,水平思维不是过多地考虑事物的确定性,而是考虑它多种选择的可能性；关心的不是完善旧观点,而是如何提出新观点；不是一味地追求正确性,而是追求丰富性。

## 第四节　智能产品的设计流程

随着人工智能、物联网等新技术的不断发展,智能产品的应用范围不断扩大。智能产品设计是一个系统工程,需要考虑市场需求、技术可行性、用户体验等多个方面的问题。智能产品设计是指将人工智能、物联网、云计算等新技术应用到产品设计中,实现产品自主决策、智能交互等功能。

### ▶ 一、收集创意

大部分智能产品设计是对上一代产品进行迭代,设计全新的智能产品需要设计师进行创意的发散。产品设计创新的内容是设计思考的结果,设计思考是对同一个设计问题进行的多种解决方案的探讨和对比分析的过程。设计师在执行一个新创意之前,很多想法不是具体的,必须通过一系列的思考与分析才能让创意逐渐具体化。需要注意的是,在这个阶段如果设计师过分把注意力集中放在单个的限制条件上将会影响创意的发挥。

设计思考过程就是把不成形的创意具体化,创意要在设计师反复的思考对比中慢慢落地,这个过程要求设计师敢于突破传统的思维习惯,拓展头脑中的固定认知。设计师想要创作出创新度更高的作品,需要跳出对答案单一性的认知,去丰富问题的视角,跳出自己的思维定式,才有机会设计出与众不同的设计方案。例如设计一个智能水杯,不能习惯性的只用产品外观设计的思维习惯去思考杯子的材质、造型、容量,而是应该跳出固定思维习惯,从杯子的使用目的来思考,思考杯子的用途、使用环境、使用人群等,这样才有机会得到更加丰富、精彩的答案,打开设计师的设计思路。头脑风暴法就是产生创意的一种典型的方法。

优秀的设计创意不仅要求设计师有成熟的设计能力,还需要设计师拥有一颗热爱生活、热爱探索、全面学习、综合学习、善于思考的内心。

### ▶ 二、设计调研与分析

### （一）资料收集与汇总

设计调研是在设计开展之初对相关社会经济情况以及产品相关情况进行的调查研究。

设计调研是产品开发前最重要的设计任务,设计调研影响着产品设计的策略,决定了产品设计的发展方向。部分大型企业的设计部门中专门成立了调研部门,调研也成了设计学科当中特定的知识系统,在设计教育当中是十分重要的课程。

在智能产品设计的过程中,准确全面的设计调研能让产品功能更加贴合需求者的使用意图,使产品功能匹配用户使用的不同环节。设计调研是用全面的眼光和科学的方法去发掘设计问题的本质,从而让设计师能够选择合理的设计方法,设计更符合定位的智能产品(见图 2-9)。

数据收集方法:来源和实例
数据收集

| 统计学方法 | | | 报告 |
| 调查 | | | 销售报告 |
| 民意调查 | 主要数据收集方法 | 二级数据收集方法 | 政府报告 |
| 采访 | | | 声明 |
| 焦点小组 | | | 互联网 |
| 德尔菲技术 | | | 任务 |

图 2-9　数据收集方法

### (二)调查方式

调查方式一般分为全面调查、典型调查和抽样调查。全面调查更消耗时间和精力,因此在一般设计调查中设计师会选择典型调查和抽样调查。三种调查类型中全面调查具有全面性,典型调查最具有针对性,抽样调查具有随机性。全面调查虽然可以获得更充分的信息,但调查的信息中大部分属于非必要信息,这些信息反而会给后期的统计工作加大难度,所以如何选择最简单的调查方法获取最准确的信息才是设计团队最应该考虑的。

在没有典型的调查对象且样本量非常庞大的时候,经常会采用抽样调查的方法,常见的抽样方式有随机抽样、非随机抽样和等距抽样。随机抽样有可能造成调查结果的误差,因此随机抽样仅适用于单位对象特征差异小的情况,为了提升随机抽样的准确性有时会先将调查对象划分为不同的群体,如将人群分为男、女两部分,再分别进行随机抽样的方式。等距抽样是随机抽样的变种,根据调查样本总数量确定抽查的数量,间隔进行样本抽取。非随机抽样又名判断抽样,即根据判断进行指向性的抽样,调查样本由前期统计的数据结果或设计师的经验来决定的,这需要设计师有丰富的阅历和设计经验。

### (三)调研内容

智能产品设计的调研对象包括市场、产品和用户,分别对应市场调研、产品调研和用户研究。

1. 市场调研

大部分智能产品设计是商业行为,多数企业希望通过设计改变产品来影响消费者的购买决定,因此市场销售的成功与否是评价设计好坏的标准之一。想要设计好一款智能产品,设计师不仅要对科技有一定了解,还要对市场有清晰的认识。因此,在智能产品设计前期可以通过官方渠道、行业研究报告、咨询公司、行业会议、数据平台、媒体咨询、相关人员、实地调研等方式来充分了解市场上当前产品技术的研究现状与产业发展趋势,要了解用户最喜欢的是什么类型的产品,了解市场上消费最火爆的是哪些产品,了解市场上空缺的是什么形式的产品等。按照影响产品设计的因素对市场调研内容进行划分,可以将市场调研分为企业不可控的因素和企业可控的因素。

市场调研中的企业不可控因素包括经济、政治、环境、法律、文化、竞品发展等。市场受经济发展的影响,因此市场调研要充分了解不同地区的经济发展情况,在经济不景气的地区和时期,用户倾向于选择高性价比和实用的产品,而在经济发达的地区和时期,用户将追求更高的产品品质与体验。

市场受政治的影响,因此市场调研要充分了解政治背景,如国际贸易会受到国际政治的影响。

市场受不同地区环境的影响,会随着环境的改变而改变,因此市场调研要了解不同地区的环境。例如,空气加湿器相关的产品多存在于较为干燥的城市和地区,而湿润地区的人群相应的功能需求较少。

市场受法律的影响,因此市场调研要了解当下的法律法规。例如交通法规定,车辆在公路通行时,若车内人员不按规定系安全带,将会给予处罚,因此部分智能汽车设计出通过语音方式提示驾驶员系好安全带的功能。

市场受文化的影响,因此市场调研要了解产品销售地的文化背景。例如,“龙”在西方文化里代表着邪恶,而在中国文化中代表着吉祥,因此印刷着“龙”图案的产品或包装更加受到中国消费者的喜爱。

产品完成销售赢得利润才能彻底实现商业的价值,因此,市场调研中还需要对产品的销售情况进行调研,调研中主要了解市场的供需关系、消费者的购买情况、产品售价与销售数量的关系、不同地域的销售情况、产品利润、影响价格的因素,如果产品涉及出口还要调研国际贸易市场的发展情况。

产品要占据更多市场份额就需要产品开发时找到市场上产品的空白领域或找到用户更倾向的产品,要对产品开发进行精准定位就需要充分的市场调研。市场调研中设计团队要充分了解竞品发展情况,其中包括竞品的产品战略、营销手段、管理结构、运营模式、团队实力、产品开发、产品设计等。

2. 产品调研

进行产品设计前,设计师需要得到现有产品的相关设计资料才能开展设计,包括产品的使用说明、产品目前的生产工艺、产品内部元器件的尺寸或模型数据,以及设计中的其他相关数据与限制条件等。例如设计一款户外电池,设计师需要提前了解电池的尺寸、材料等。迭代产品的设计意向是需要设计团队进行探索优化的,如新产品的功能设置、操作的布局分区、产品的操作流程等,设计师需要在设计前期产品调研的基础上完成迭代。

产品调研是直接影响产品设计的关键环节,产品调研包括老产品资料的整理和竞品产品的信息。其中,竞品的相关信息可以通过线下商场、主流网购平台、行业评测媒体、相关分析文章、行业分析报告、行业展销会及设计作品网站等来获取。智能产品竞品的调研内容除了一般产品设计所关注的产品的质量、品牌形象、视觉设计、性价比、耐用性、体积、重量、造型与结构设计、CMF 等产品设计相关内容外,还要关注影响产品操作体验的软、硬件,如基础的硬件配置、屏幕尺寸、按键位置、操作流程、操作系统、软件交互、UI 设计等。

值得注意的是,智能产品不仅生产工艺、技术及材料与一般产品一样,都在不断更新和发展,而且功能设置和操作体验也会随着时代快速更新。因此,设计师在产品调研时要不断学习最新的生产工艺、技术,了解并选择最合适的材料,同时紧跟时代,配合软件工程师开发适应用户的新需求,充分发挥产品调研的作用,让设计的产品站在时代的前沿,提升更多用户的兴趣与关注度。

3. 用户研究

用户研究是为了对市场消费者的需求和心理状态进行充分的了解,从而建立清晰的用户画像,准确的用户画像能够给设计师更加清晰的产品定位,让智能产品朝着更加准确的方向进行深入开发,产品上市后有更大机会占领更多市场份额。一般设计师会采用问卷调查、用户访谈、实地观察的方法对用户进行研究,研究的内容主要有以下几点。

(1)用户信息。用户研究最基础的内容是用户信息,一般包括用户的姓名、性别、年龄、喜好、学历、工作、联系方式等。

(2)用户需求。用户研究的最核心的内容是提取用户需求,用户需求指引团队进行产品开发,调研可以通过用户访谈或调查问卷的形式了解用户对产品尺寸、定价高低、功能设置、产品优化的建议,获取用户的显性需求,并通过用户操作流程的观察与调研数据的分析,探索用户的潜在需求与隐性需求。研发团队还可以通过调查相关用户对历代产品或相似产品功能的评价得出用户不同的需求,推断用户更加喜爱的功能。

(3)用户消费特征。用户研究最根本的内容是了解目标用户的消费特征,产品设计符合用户消费特征能够促成目标用户群的购买行为。了解用户的消费特征一般会探索用户的生活收支、消费习惯、消费指数、用户喜好、生活方式、产品评价、用户需求、购买历史、购买动机、购买意向等。

## (四)调研资料的整理

经过设计调研虽然获取到丰富的信息,但并不能为设计团队提供准确的设计方向,因此需要将前期的内容进行整理,转化为对设计有帮助的结果。为了将调研资料梳理清晰,通常情况下设计团队会安排相关人员对信息进行归纳、量化,让设计人员能够直观地了解市场趋势。调研资料整理过程的核心是将数据进行分类、统计、对比,通过分析得出的定量或定性的结果能够给设计师更为直观的设计建议。

常用的资料整理分析形式有以下几种。

(1)直观描述形式。横向与纵向两个维度统计相关信息,是最常用的统计形式,表格中一般用文字进行描述,数字进行统计。

(2) 思维导图形式。将已有信息通过思维导图进行整理,有助于梳理出清晰的框架,了解信息的层级,并能够在后期迅速找到相应的调研信息,方便团队的沟通交流。

(3) 图表形式。数据的整理可以选择柱状图、折线图、饼状图、折线图等形式,图表能够更为直观地展现出不同数据的差异,比数字对比更直接。

(4) 分布图形式。不同地域的数据信息处理可以采用分布图的方式,从分布图中能够显示出不同地域的调研内容的差异,让设计人员快速准确地查找想要的信息。

(5) 坐标轴形式。$X$、$Y$ 坐标轴的统计形式可清晰地区分出产品两对互为特征的相互关系,让设计人员看出某一特征对产品某种形象的影响,坐标轴统计可以根据需要将 $X$ 轴或 $Y$ 轴更改为价格、年代或某些特征。

(6) 图片汇总形式。把相关图片资料整理到一起的方法叫作图片汇总。图片汇总的整理方式能够让设计师有更为直观的视觉刺激,对当前产品在视觉上有加完整的了解,图片资料属于感官上的信息,无法用数字得出相应的结果,但对产品的后期设计提供了不可忽视的力量。

## ▶ 三、需求与功能设置分析

### (一)需求分析

一般的用户凭借自身经验只能对产品提出自身的感受或期望,如屏幕尺寸太小、操作流程难易等。但这些都属于用户调研中收集的资料,设计人员要做的就是将这些模糊的需求条理化、清晰化,形成明确的概念。设计团队先将从市场调研、产品调研、用户研究中获取的资料进行整理,形成较为清晰的资料库与明确的用户需求,然后根据用户需求提出满足需求的相应的产品功能。但是,满足所有的用户需求的方案并不一定是最佳的设计方案,因为在实现需求、功能开发和产品生产的过程中,设计团队会面临诸多矛盾,如为满足某种需求而设置的某种新功能不得不让企业花费大量的时间与人力成本,导致产品成本的上升,大多数用户却不会因为新功能的实现而进行消费。因此,在进行具体设计的时候依然要择优选择出最合适的设计方向,即选择解决相对重要的用户需求。

选择相对重要的用户需求需要将用户需求进行重要程度排序,排序过程不能单纯凭借设计师的经验。马斯洛的需求层次理论可以帮助设计师将用户需求进行梳理,该理论将人的需求分为生理需求、安全需求、爱和归属、尊重需求、自我实现五个层次(见图 2-10),用户不同的需求能够分别对应不同的需求层次,设计团队也可以根据该需求层次理论判断某种需求对用户的重要程度。

判断用户的某种需求属于哪一层次时必须确定该需求是用户的真实需求。获取用户的真实需求需要设计团队明确用户群体和使用环境,促使或引导用户表达真实的感受,并理性地对结果进行分析量化。用户的真实需求还可以通过观察和访谈等方法获取,这些方法可以得到用户的直接建议。同时,设计团队应该统计不同需求的用户数量,从而为需求排序的合理性提供支持。

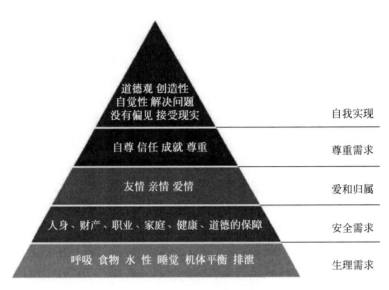

图 2-10　马斯洛需求层次

## （二）功能设置分析

经过对用户需求的分析、归纳和选择后，不仅可以得出需求的重要程度，还可以清晰地看出不同的需求类型，如功能需求、美观需求、经济需求、安全需求等。这些不同的用户需求可以通过设计不同的功能来实现。以功能需求为例，某移位机用户感觉使用过程过于枯燥，从而产生娱乐的需求，为了满足用户的娱乐需求可以通过增加视频或音乐播放器、增加语音聊天功能、增加游戏模块等方式来实现。由此产生的功能设置分析如图 2-11 所示。

| 一级需求<br>（需求类型） | 二级需求 | 三级需求 | 功能需求具体描述 |
|---|---|---|---|
| 功能性需求 | 调节功能 | 调节高度<br>起身助力<br>座椅可调 | 抬起和放置患者高度更加自由，范围更大<br>部分患者能通过扶移位机自行助力起身<br>座椅接触面可调节，提升与臀部的接触面 |
|  | 附加功能 | 物品放置<br>播放音乐<br>功能多样<br>娱乐需求 | 可以放置或悬挂随手物品<br>播放音乐，老年人可以播放收音机<br>移位机能够增加多种使用功能<br>在移位机上能够进行某些锻炼或游戏 |
| 安全性需求 | 稳定功能 | 刹车稳定<br>稳定性<br>不易滑落<br>质量可靠<br>移动平稳 | 停止移位机滑动<br>移位机刹车后稳定，不易倾倒<br>患者不易从移位机上滑落下来<br>产品耐用且可靠<br>移位机保证移动平稳 |
|  | 呼叫功能 | 一键呼叫<br>摔倒警报 | 紧急状况一键呼叫<br>不小心摔倒后启动自动警报 |
|  | 清洁功能 | 卫生需求 | 移位机不易脏且容易打理 |

图 2-11　移位机功能设置分析

产品功能设计一般分为基本功能和辅助功能。基本功能是产品最主要、最基本的功能，失去了基本功能用户满意度将会急剧下降，如不能显示时间的手表。辅助功能是产品的附加功能，辅助功能可以随意进行更改，但辅助功能的增减需要团队进行综合评估。功能的选择与否可以通过计算不同功能的权重来确定。

设计团队在确定产品最终功能前依旧不能开展产品设计工作，因为分析了产品的功能要素后，还需要考虑产品的技术要素和审美要素。智能产品设计不是单纯的外观造型设计，而是优化用户与产品之间的关系，发现和协调技术、商业与设计间的矛盾。单方面考虑产品功能的实现、美学价值或技术难度都无法设计出最佳的产品。因此，在产品设计前还要从技术性能可行性、成本与功能可靠性的角度对功能设置进行评价，如了解实现某种功能所需的元器件，生产某配件的技术难度，产品的材料成本，功能开发的时间成本，材料的耐用性与可靠度等。

技术团队从工程角度对产品不同功能的技术难度、开发成本、耐用性进行分析后，团队核心人员进行会议，敲定产品的最终功能，确定设计和创意的方向。团队只有在理性分析后才有机会开发出最有价值且值得实现的产品功能。

## ▶ 四、硬件设计

### （一）设计草图

设计草图也被称为设计手绘，是工业设计和产品设计专业学生必学的重要课程之一。它没有传统的绘画的情感，也不具备工程制图的准确性，更像是两种绘图形式的结合。它要表现出产品形体的尺度、比例、体量、材料、质感、结构，但不追求尺寸与数据的绝对准确，也不需要素描关系的绝对和谐，它的核心是设计师在短时间内在纸面上呈现和记录自己的创意与想法，快速与他人进行交流沟通。

设计草图是将智能产品硬件视觉化的第一步。草图绘制过程中需要将众多的功能进行归纳、分析，绘制过程中需要设计师充分发挥其审美和创造力，将造型从无到有、从意象到具象地表现出来。这个过程需要设计师综合分析市场现有的产品造型，寻找到造型的突破口，协调产品功能与造型的矛盾。在此阶段，设计师的手绘不是固定的、完整的方案，而是造型的演变，形体的推敲。设计草图在团队成员沟通交流的过程中可能会激发其他设计师的创作灵感。

在设计草图阶段，设计团队构想的方案越多就越可能碰撞出创意的火花，越容易让成员间的思维相互激荡，这不仅为设计出更好的设计方案提供了可能性，也为企业带来了更多可选择的空间。例如，图 2-12 为智能音箱造型分析与筛选设计草图，图 2-13 为设计过程中绘制完成度较高的马克笔设计草图。

随着计算机技术的发展，设计草图由手绘延展出了数字手绘（见图 2-14），即利用计算机绘图软件直接在显示器上绘制的电子稿，其呈现的视觉效果相较于纸张上的效果来说更佳，能够表现更加艳丽的色彩和更加和谐的过渡。对于绘画功底不深的设计师而言，利用计算机软件绘图大大降低了徒手绘制的难度，也一定程度上缩短了由于反复修改而浪费的时间。

图 2-12　智能音箱造型分析与筛选设计草图

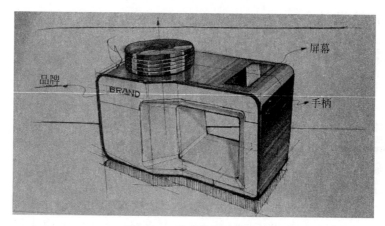

图 2-13　马克笔设计草图

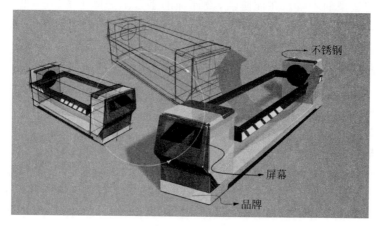

图 2-14　计算机绘图软件制作的设计草图

## （二）建模与渲染

筛选出优秀的设计草图后,通常需要通过 3D 模型来进一步确定产品在立体空间当中的效果。3D 模型的建立能够快速地让设计师通过计算机来观看产品的不同角度,同时可以确保尺寸的精确。3D 建模软件已经应用到智能家电、交通工具、国防武器、航天航空等多个领域,也有部分实验室直接在软件中完成仿真实验。在智能产品设计领域经常用到的 3D 建模软件有 Proe、Alias、UG、Maya、Rhino、3ds Max 等。在不同的设计阶段,设计师们会选择适当的软件来完成相应的设计效果。

图 2-15 是通过 Rhino 软件构建的工业遥控器建模图,模型中精确地记录了不同部件的位置、尺寸、面积、体积等相关数据,设计师与客户可以通过计算机的旋转模型观察产品的各个角度,同时,软件可以快速实现产品的平移、复制、分解等复杂操作。

图 2-15　工业遥控器建模图

完成产品的建模后,设计师通常对产品效果进行进一步的完善,最常用的是将模型放入相应的渲染器中,给数字模型赋予更加贴近现实的材质,让模型的效果与现实的真实效果更加接近(见图 2-16),一张优秀的渲染图如同产品的摄影一般。常用的渲染软件有 Keyshot、Vray、Octane 等。在渲染器中还可以实现摄影中难以实现的复杂动作或视角,因此大部分企业的产品动画或海报的产品效果是通过渲染器渲染而成,而非通过相机拍摄。

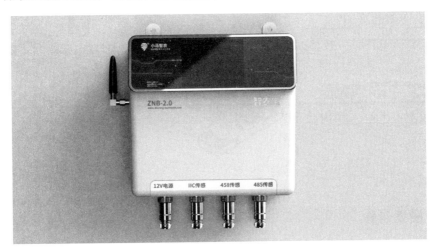

图 2-16　产品渲染图

### （三）技术与结构设计

　　智能产品开发的三要素包括可行性、可能性和用户期望值（见图 2-17），想要实现智能产品的功能就要让产品在满足用户期望值的同时，确保产品开发的可能性、可行性。产品的技术与结构设计就是要让产品满足可能性与可行性。设计团队要在硬件上做取舍，工艺上找突破，材料上做选择，结构上做调整，最终实现概念与现实的平衡。

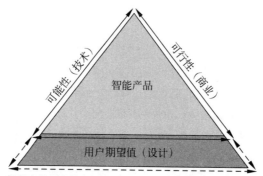

智能产品开发的三要素：可行性、可能性、用户期望值

图 2-17　智能产品开发的三要素

　　在智能产品技术与结构设计沟通过程中，结构设计师通常采用工程图来对接，工程图的特点相较产品手绘而言，虽然没有强烈的艺术性和空间体积感，但其各项数据会更加精准，尺寸比例也不能有任何误差，如某零件的三视图（见图 2-18）和一款工业遥控器的结构设计模型（见图 2-19）。

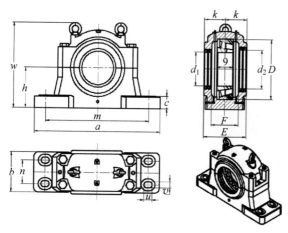

图 2-18　某零件的三视图

图 2-19　工业遥控器的结构设计模型

### （四）模型制作

　　智能产品与用户的肢体交互会更丰富，而设计手绘与数字模型都无法让用户感知真实

物体的尺寸与质感。因此,设计师一般用制作模型的方式来进行操作和实验。设计师会挑选出满意的设计方案,并选择合适的方式或材料来制作模型(见图2-20),较大的产品一般会用等比例缩小的模型来实现。

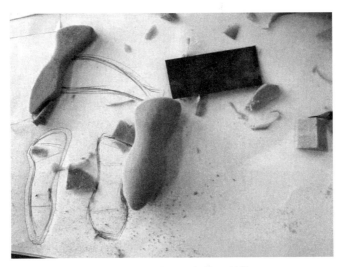

图2-20 手持类设备模型制作

智能产品设计前期通常制作探索性模型来进行感受,主要为了体验产品的体积、造型、手感,这一类模型精细度低、制作周期短、材料相对廉价,只要表达出产品的大致形体、概念、构思即可(见图2-21)。

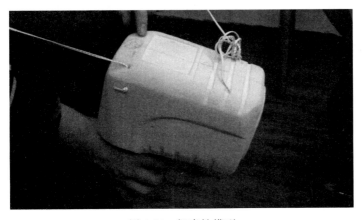

图2-21 探索性模型

智能产品设计中期会制作相对精细的模型,主要目的是进一步打磨产品的细节,其中包括产品的按键、开孔、指示灯、结构设计等,这一类模型的材料会选择石膏、油泥等更为细腻的材料(见图2-22)。

产品进行批量生产前需要制作样机模型。样机模型是完成度极高的模型,其形态、材料、工艺、色彩、结构等内容与即将上市的产品几乎一致,这类模型通常由专业的模型制作公

图 2-22　油泥鼠标模型

司来实现（见图 2-23）。样机模型不仅能让设计团队对产品进行全面的体验和评价，还能检测出产品加工模具存在的问题，最终敲定的样机经相应负责人审核确认后就可以发送给工厂进行批量生产，并最终投入市场。

图 2-23　样机模型

## ▶ 五、软件设计

### （一）明确信息架构

　　一款优秀的软件一定要有清晰的信息架构与操作逻辑，设计师一般采用绘制信息架构图的方式来梳理功能与内容的逻辑关系（见图 2-24），优秀的信息架构图能够清晰地展现软件的操作逻辑。逻辑和功能的设置对于后期的软件开发至关重要，混乱的操作逻辑甚至会影响到用户正常的操作，从而大大降低用户对产品的评价。在信息架构设计阶段，设计师不需要考虑软件的美学设计，如界面的布局、按钮的具体形状和色彩等，也不需要考虑界面的特效。

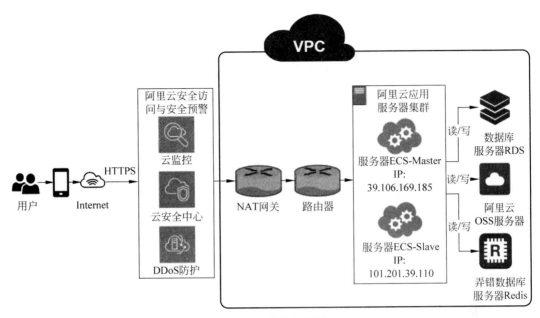

图 2-24　信息架构图

## （二）交互原型设计与测试

交互原型设计不是简单的界面设计，它需要比信息架构图展示得更加细致，能让用户提前体验产品、展示复杂的系统，方便团队各部门交流设计构想。交互原型主要展示软件的必要功能信息、按键的位置布局、界面的分区大小等。这个阶段主要考虑的是界面视觉的合理性，能够让用户直观地看到自己的重要需求，能够在短时间内进行准确的操作。交互原型设计可以在纸上进行快速地绘制，也可以通过软件进行绘制，常用的软件有 Axure、Photoshop、PowerPoint、Keynote、Balsamiq 等。交互原型设计过程中设计师要考虑用户是谁，用户的目的是什么，设计的传达效果怎么样，等等。

交互原型测试是原型设计中必不可少的步骤，测试结果受到测试者的直接影响。因此，交互原型的测试对象一定要找到符合用户画像的人群，测试中要观察用户是如何开始的，做了什么操作，操作顺序是什么。测试的目的是通过测试了解用户的操作困难，找到用户的操作意图，从而更好地优化交互原型。

## （三）视觉设计

在视觉设计阶段，设计师要对产品的美观度进行优化，涉及的内容包括软件的风格色调、字体字号、Logo 设计、图表图标设计等。可以说，信息架构是软件的骨骼，交互原型是软件的肉体，视觉设计就是软件的衣服。视觉设计可以从平面设计的原则进行优化，包括统一、对比、重复、亲密性。其中，统一能够保证软件的视觉协调；对比能够凸显界面主要的功能或元素；重复能够增加视觉的条理性和统一感；亲密性能够组织界面信息、减少混乱、使结构清晰，从而让用户快速解读（见图 2-25）。

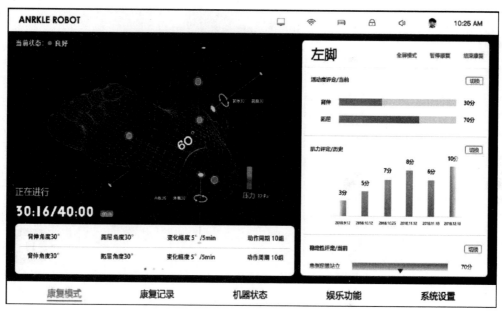

图 2-25　视觉设计

## （四）设计评价

智能产品的设计评价是指智能产品在设计过程中对设计方案从不同角度进行综合的比较和判定，由此决定设计的方向以及不同方案之间的价值差异，从而根据评价选择最佳的设计方向深入设计或投入生产。智能产品设计中的设计评价不只是评价设计的最终结果，也是选择最合适的设计方向或设计概念。

当前大部分设计公司与现代化企业的设计评价是从不同角度对设计方案来进行评估，其评价过程将会接受不同设计者的意见，吸收不同的思想观点，并根据各类设计要求进行整合优化。设计评估过程将会进行定性和定量分析，以此来从各个角度降低产品投产后的风险。正确的设计评价可以控制产品生产的成本，提升设计的附加值。设计评价在整个设计阶段是至关重要的，在绝大部分智能产品的开发与设计过程中，产品的设计费用相较于产品的生产费用而言是较低的，如果一款产品不经过任何的评估与优化，在后期生产阶段与市场营销阶段可能让企业受到巨大的损失，其损失数额将远超企业在设计中投入的成本。因此，严格地对产品设计质量进行把控，抓住市场的风口，解决设计的缺陷后，再进行批量生产，是设计一款好的产品必不可少的流程。

智能产品在进行设计评价之前，为了保障设计团队快速得到准确的评价结果，一般需要先确立产品开发任务的主要意图和基本构思，设置相应的内容与评价指标，明确产品评价的各项要素及其重要性。不同企业甚至设计的不同环节其评价内容以及评价标准不是固定的，设计团队需要在评审之前确定合适的评价程序及评价方式。

设计团队往往会在设计的关键阶段召集相关人员来对设计进行评审。参加评审的人员可以是企业的决策者、技术人员、销售人员、供应商和经销商,以及相关产品领域的专家顾问,也可以是使用产品的消费者和产品的潜在用户。这些评审人员将会从自己的角度对产品进行全方位的评价与反馈。评价的角度可以是产品的性价比、安全性、可靠性、耐用性、易用性、美观度、创新性、人文关怀、社会价值,甚至可以是造型比例、搭配等。对于非专业的评审人员,设计师也会做相应的引导,让用户提出相关建议。

在智能产品设计方案结束后,企业各部门主要负责人员将进行评测会议,对设计方案各个模块进行综合性评价,选择最佳的方案。这种设计评价模式不仅是对产品的创新形式、功能设置、操作逻辑与流畅度、易用性、界面色彩与美观度、表现效果以及内容的感性评价,也是对产品的生产成本、生产时间、市场情形、销售现状、生产可能性与可行性、市场竞争力表现、潜在的产品风险的综合分析。通常会进行量化评价,使综合评价的过程有相应的数据作为支持。

## 思考题

1. 智能产品设计的第一步是什么? 为什么用户研究和需求分析在设计流程中如此重要?

2. 在智能产品设计过程中,原型制作有什么作用?

3. 在设计智能产品时,如何确保产品的可用性和用户友好性? 有什么方法可以测试和评估产品的用户体验?

4. 智能产品设计中的技术选择和整合需要考虑哪些因素? 如何确保技术与用户需求相匹配,并具备可行性?

5. 在智能产品设计的过程中,技术和创新的作用是什么? 如何将新兴技术应用于产品设计中,并确保其能真正增加产品的价值和实用性?

# 第 三 章

# 智能产品设计项目实训

## 本章概述

　　本章由简入难地组织了三个具有代表性的智能产品设计实训项目：智能电器设计、智能家居产品设计、智能医疗产品设计。智能电器设计侧重培养读者对智能产品功能设计、结构材质搭配的认知；智能家居产品设计则在功能设计的基础上加入了对使用者心理、生活方式、操作习惯等影响因素的阐述；智能医疗产品设计进一步增加难度，引入了系统化的设计思维，将医疗产品设计与用户体验设计相结合。三个实训项目循序渐进地介绍了三种各具特色的智能产品，并多维度地介绍了具有代表性的设计案例，使读者在实践中有章可循。

## 学习目标

　　通过三个逐渐加大难度的智能产品设计案例，让读者更好地了解智能产品设计的特点和原理，理解设计的思路和方法，锻炼创新思维和解决问题的能力；让读者逐渐熟悉智能产品的不同要求与维度，以及它们如何协同工作，使智能产品实现各种功能；在不断深入的设计案例中，读者可以了解智能产品设计的各个环节和关键技术，并在其中加入更多的智能元素和功能，提高智能产品设计能力和技术水平；使读者能够在用户情境系统分析的基础上，在设计活动中逐步掌握思辨能力，建立理性的创新思维模式，以便日后灵活运用。

## 第一节 智能电器设计

### ▶ 一、课程概况

#### （一）课程内容

本节通过对用户需求的调研,结合智能产品设计趋势,以智能洗袜机为设计对象培养读者进行单体设计训练,以满足相关人群的使用需求。

#### （二）训练目的

通过学习智能电器设计的基本规律,使读者建立对智能电器设计的基本认识,了解常用的设计方法,掌握收集、分析设计资料的能力,掌握对设计痛点与解决办法的研究分析能力;掌握设计目标分析方法,熟知智能电器的设计要点,并能够独立完成具有创新性的智能电器设计。

#### （三）重点与难点

重点:找准智能电器设计的功能定位,掌握智能电器设计与使用情境的关系。

难点:了解智能电器设计的用户痛点与解决思路,研究智能电器设计的价格定位和消费人群,分析当下智能电器产品设计趋势,掌握基本的材料搭配审美规律,深挖产品需求,提高竞争力。

#### （四）作业

1. 题目:独立完成一件智能电器的设计

智能电器设计需满足特定的现代生活情境需求,要在使用方式、造型特征上有想法,可体现设计功能上的独特性,并具有审美性上的突破。本节以设计智能洗袜机为例。

2. 文件要求

1）产品调研分析报告

产品调研分析报告应该具有明确的结构,包括标题、摘要、引言、背景、研究方法、结果、结论、参考文献等部分。每个部分应该有明确的标题和适当的分段,以便读者能够快速浏览和理解。在报告中应详细描述所采用的研究方法和技术,包括问卷调查、访谈、实地考察等,同时需要解释为什么采用这些方法和技术,以及如何收集和分析数据。报告中的数据应该清晰、准确、可读,最好使用图表和表格等可视化工具来展示结果,以帮助读者更好地理解和分析数据。报告中应该对调研结果进行分析和总结,并给出明确的结论和建议,同时需要解释为什么得出这些结论和建议,并提供相应的证据支持。在报告中应该列出使用的所有参考文献,并按照规范的格式进行引用和排版,以便读者可以查阅和了解相关文献。

2）产品模型文件

使用 3D 建模软件还原智能产品设计方案的内部与外部结构造型,建议使用 Rhino 或 C4D 建模,要求曲面表达清晰,结构合理,符合基本加工规则。色彩搭配与材质组合符合设计审美与客户需求。

3）产品模型三维渲染图(至少三个不同展示角度)

使用三维渲染器将产品模型进行接近照片光影的渲染,渲染要满足以下要求。

(1)渲染质量高。渲染图需要呈现出高质量的效果,让人感觉更加生动、逼真。因此,渲染过程中需要注重光线的设置、纹理的添加、材质的选择、阴影的调整等,以达到最佳的渲染效果。

(2)细节丰富。产品渲染图需要呈现出产品的细节和特色,包括产品的表面质感、工艺细节等,能够清晰地展现产品的各个部分及整体结构和功能。

(3)视角合适。渲染图的视角应该选择能够突出产品特色和功能的视角,以最大限度地展示产品的优势和特点。同时,不同的渲染视角也可以提供多角度的展示,让用户更好地了解产品。

(4)配色和布局合理。渲染图中的配色和布局也是非常重要的,需要根据产品的特点和市场需求进行合理设置。颜色应该与产品定位相符合,同时布局也需要合理、美观,让用户对产品产生好的印象。

(5)多种格式导出。渲染图需要支持多种格式的导出,如 JPEG、PNG、PDF、CAD 等,以方便用户在不同场合或平台使用。

## ▶ 二、设计案例

### (一)具有代表性的国际品牌

在学习智能家居产品设计之前,先来了解一下历史上最具代表性的家用产品品牌博朗(Braun)。博朗是一家德国品牌,起源于 20 世纪初期的工业设计运动。该品牌以"功能至上"为设计理念,通过简单、清晰的外观和高质量的制造工艺赢得了全球用户的青睐。博朗的创始人 Max Braun 在 1921 年创立了一家小型工坊,生产电子零件和无线电设备,后专注于生产电器和家电产品。在 20 世纪 50 年代开始与德国工业设计师 Dieter Rams 合作,推出了一系列标志性产品,如 T3 收音机、SK4 音箱等,这些产品的设计风格简洁明了,成了工业设计史上的经典之作。博朗在 20 世纪 60 年代和 70 年代继续扩大产品线,生产了许多家用电器,并在颜色、材质等方面进行了创新。在 21 世纪,博朗持续推出高质量、实用性强的产品,并采用更多的可持续材料和技术,使其产品更环保、更耐用。总之,博朗是具有重要地位的品牌,其设计理念和产品风格对现代工业设计有着深远的影响。

博朗的设计总监迪特·拉姆斯(Dieter Rams)提出的"十项好设计原则",被广泛认为是现代产品设计的指导哲学。这些原则强调了设计中的简约、易用性和可持续性。

(1)好的设计是创新的:它应该是有创意的,推动边界,同时有实用和功能性。

(2)好的设计使产品有用:它应该增强产品的可用性,使用户更容易与之交互。

（3）好的设计是美学的：它应该是视觉上令人愉悦的，创造一种和谐和平衡的感觉。

（4）好的设计使产品易于理解：它应该清晰地传达其目的和功能。

（5）好的设计是不显眼的：它不应该压倒产品的功能或目的。

（6）好的设计是诚实的：它不应该误导或欺骗用户，在使用材料和生产方法方面应该透明。

（7）好的设计是长久的：它应该是耐用的，能经受时间的考验，无论是在物理耐久性还是美学吸引力方面。

（8）好的设计是全面的：它应该考虑产品的每个方面，从材料和生产到使用和处理。

（9）好的设计是环保的：它应该尽量减少浪费，在材料和能源的使用方面应该是可持续的。

（10）好的设计是尽量少的设计：它应该剥去一切不必要的东西，注重简约和功能。

这些原则对现代产品设计产生了深刻的影响，继续激发着设计师们的灵感，提醒设计师们好的设计不仅仅是关于美学，更是关于功能性、可持续性和用户体验。

### （二）博朗经典产品设计

#### 1. 博朗 SK4 收音机

1956 年设计师 Dieter Rams 和 Hans Gugelot 共同设计了电视和音响设备，其中博朗 SK4 收音机（Braun SK4 radio）被称为"音乐箱"，它采用了全新的塑料制造技术，外观简约美观，被誉为"音响史上最伟大的设计之一"，也被称为"白雪公主的棺材"（见图 3-1）。

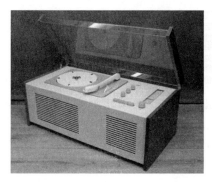

图 3-1　博朗 SK4 收音机

SK4 收音机是 Braun 的第一个消费电子产品系列的一部分，旨在为大众提供功能强大且现代化的产品。SK4 收音机的设计受到现代主义运动和包豪斯学派原则的影响，这些原则强调简洁、功能性和极简主义。SK4 收音机的设计在当时非常创新，采用透明的 Plexiglas 盖子，用户可以看到收音机的内部组件，包括调谐器、放大器和扬声器。盖子还起到扩散器的作用，当收音机使用时可以产生温暖而均匀的光芒。SK4 收音机的主体由铝和酚醛树脂组成，这不仅赋予收音机时尚和现代的外观，还使其轻便耐用。SK4 收音机的控件位于设备前面的小面板上，用户可以轻松使用。SK4 收音机的设计不仅外观引人注目，而且非常实用，其极简主义和流线型设计使其易于使用和维护，其高质量的组件提供了出色的音质。

尽管 SK4 收音机受欢迎程度很高,但其生产成本太高,无法进行大规模生产。然而,其设计已经成为现代设计的标志性符号,也是 Dieter Rams 设计哲学持久传承的证明。

2. 博朗 HM3 手动搅拌器

1980 年由设计师 Dieter Rams 和 Hans Gugelot 设计的博朗 HM3 手动搅拌器(Braun HM3 hand mixer)外观时尚优美,使用起来非常简便(见图 3-2)。

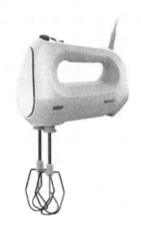

图 3-2　博朗 HM3 手动搅拌器

HM3 搅拌器的设计是博朗为创建一系列既实用又美观的厨房电器而做出的努力的一部分。HM3 搅拌器的设计采用圆柱形机身和锥形手柄的简单几何形式,属于极简主义美学,强调功能和易用性,机身由耐用的塑料制成,易于清洁和维护。HM3 搅拌器的一个关键设计特点是直观的控制方案。搅拌器上配有一个单一的大按钮,可以轻松实现单手操作,直接控制搅拌器的速度。HM3 搅拌器的另一个关键设计特点是它的轻量化结构,方便握持和操作。HM3 搅拌器还配有一系列附件,可用于各种任务,从搅拌面团到打发奶油都可以完成。总体而言,HM3 搅拌器的设计在功能和美学方面都取得了成功,是 Dieter Rams 和他在博朗的同事们普及极简主义设计哲学的经典示范。

3. 博朗电动剃须刀

博朗电动剃须刀(Braun electric shaver)由设计师 Dieter Rams 和 Gerd A. Müller 设计,是博朗(Braun)最著名的产品之一,其独特的外形和设计,使它成为世界上最畅销的剃须刀之一(见图 3-3)。

博朗电动剃须刀拥有悠久的设计和创新历史,可以追溯到 20 世纪 30 年代。1938 年,Max Braun 在德国开发了第一款电动剃须刀,它采用

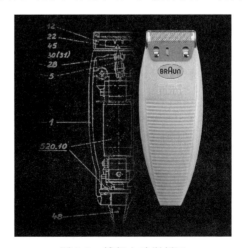

图 3-3　博朗电动剃须刀

简单的设计,具有两个独立浮动切割元素。多年来,博朗不断完善其电动剃须刀,采用新技术和材料来提高其性能和用户体验。

博朗电动剃须刀的最重要的进步之一是在 1950 年推出的 Foil 剃须刀。这种设计采用覆盖切割刀片的金属箔,保护皮肤免受刺激,并提供更贴合、更顺滑的刮胡体验。Foil 剃须刀迅速成为消费者的首选,并且博朗在之后的几年中不断完善设计,引入新功能,如湿/干剃须功能和更贴合面部轮廓的旋转头。

在 1980 年,博朗推出了一款革命性的新型电动剃须刀 Syncro 剃须刀,它具有智能微处理器,可以根据用户胡须的密度调整切割速度。这项技术使刮胡更高效、更舒适,是电动剃须刀行业的重大进展。

如今,博朗继续创新其电动剃须刀,采用新材料和技术,提供卓越的刮胡体验。近年来,该公司推出了具有高级功能的型号,如个性化模式、自动清洁系统和精密修剪器,可进行细节修整和造型。

总的来说,博朗的电动剃须刀具有悠久的创新和设计历史,如今仍是电动剃须刀行业的领军品牌。

以上这些产品都代表了博朗在设计领域上的创新和成就,它们的简约、现代、功能主义的设计风格也成了博朗品牌的象征。

## ▶ 三、知识点

### (一)家居产品设计的含义

家居产品设计是指以家庭生活需求为出发点,通过各种设计手段,包括外形、功能、材质等,以及各种工艺和生产技术,为人们创造舒适、安全、美观和实用的家居产品。

站在工业设计师的角度,家居产品设计可以被定义为一种通过对家居用品的形态、结构、功能、材质、工艺等多个方面进行综合规划和设计的活动,以满足用户需求、提升产品品质和市场竞争力。

家居产品设计需要工业设计师掌握多个领域的知识和技能,如人机工程学、材料学、生产工艺、人类行为学、市场营销等,这些因素将影响家居产品的设计和使用效果。工业设计师需要了解和分析不同用户的需求和喜好,根据市场需求和趋势,设计出满足人体工程学、实用性、美学、环保性等多个方面要求的家居用品。

从视觉上,工业设计师需要注重家居产品的外形、纹理、色彩、质感等设计,以创造出符合人们审美和品牌风格的产品。从实用性上,工业设计师需要考虑家居产品的使用场景、功能需求、便捷性、舒适性等,为用户提供便捷、舒适、高效的使用体验。此外,工业设计师还需要考虑家居产品的材质选择、生产工艺、成本控制等因素,以确保产品的品质、可靠性和市场竞争力。

### (二)智能家居产品的含义

智能家居产品(见图 3-4)是指通过传感器、控制器、互联网技术、人工智能技术等先进技术手段,使家居设施实现自动化和智能化控制,提高家居生活的便利性、舒适度和安全性。智能家居产品涉及多个领域,包括家庭安防、智能照明、智能家电、智能家具、智能家居控制系统等。智能家居产品与传统家居产品最大的区别在于,它可以通过技术手段实现远程控制、智能化控制和自动化控制。

图 3-4　智能家居产品

智能家居产品的发展趋势是朝着更加智能化、便捷化、安全化和舒适化的方向发展。未来,随着技术的不断发展,智能家居产品的应用场景和功能进一步扩展,为人们的家居生活带来更加智能化和便利化的体验。

### (三)智能家居产品设计的目的与功能

智能家居产品设计的目的是通过各种先进技术手段,创造出智能化、便捷化、安全化和舒适化的家居产品,提高家庭生活的便利性、舒适度和安全性。

智能家居产品设计的功能包括以下内容。

(1)远程控制功能。智能家居产品可以通过手机 App、语音助手等远程控制,实现对家居设施的智能化控制。例如,用户可以通过手机 App 远程控制家中的照明、电器等设备,或者通过智能音箱语音控制家中的各种设备。

(2)自动化控制功能。智能家居产品可以通过传感器和人工智能技术实现智能化和自动化控制。例如,智能灯具可以通过传感器自动感知环境光线强度,从而实现自动调节照明亮度和颜色温度的功能。

(3)安防监控功能。智能家居产品可以通过摄像头、传感器等监控设备,实现家庭安防监控功能,保障家庭的安全。

(4)智能化场景设置功能。智能家居产品可以根据用户的生活习惯和需求,自动化设置家庭场景,如"回家模式""离家模式""睡眠模式"等,提高家居生活的舒适度和便利性。

(5)节能环保功能。智能家居产品可以通过智能化的控制和调节,实现节能环保的目的,减少能源的浪费。

## ▶ 四、实践程序

### （一）设计背景

随着生活水平的提高和人们对健康和卫生的重视,越来越多的人开始使用专门洗袜子的机器,以确保洗涤的高效性和卫生性。传统洗衣机在洗涤一些细小物品时,如袜子等,容易损坏或者被卷在其他衣服里,从而影响清洗效果。为了解决这个问题,一些厂商开始推出专门用于洗袜子的机器。

家用洗袜机的设计背景主要是为了满足用户的需求,提高家庭洗涤的效率与卫生性。这种机器通常采用小型设计,可以放在家庭任何角落,占用空间较小,使用起来十分方便。同时,它们也具有多种洗涤模式,如快速洗涤和深度洗涤等,以满足不同用户的需求。此外,一些机型还具有除菌消毒和智能控制功能,以确保洗涤效果。

总之,家用洗袜机的设计背景是为了提高用户的洗涤体验,为家庭提供更加便利的洗涤解决方案。

### （二）作品分析

图 3-5 所示的这款洗袜机的目的是解决现代生活当中如袜子等小型衣物单独洗涤的问题。相比于传统洗衣机,洗袜机通常具有以下几个优点。

（1）更加专业:洗袜机是专门设计用于洗涤袜子等小型衣物的机器,相比于传统洗衣机,它们更加专业,能够更好地满足用户的需求。

（2）更加节能:由于洗袜机的容量较小,使用时所需的水量和电量也相应较少,因此相比于传统洗衣机,它们更加节能。

（3）更加方便:洗袜机通常体积较小,可以轻松放置在家中任何地方,不占用过多的空间,操作也十分简单,使用起来非常方便。

（4）更加卫生:由于洗袜机的设计目的是洗涤小型物品,因此其洗涤桶更小,旋转速度更快,可以更好地清洗和除菌,从而保证洗涤效果。

相对应的,洗袜机也有一些缺点。例如,由于容量较小,一次只能洗涤较少数量的物品,因此对于大家庭或需要经常清洗大量衣物的用户来说,使用洗袜机可能不太方便。此外,洗袜机通常价格较高,一些功能也可能受到限制,因此用户在选择洗涤机时需要综合考虑自己的需求和预算。

图 3-5　洗袜机

### （三）设计定位与构思

在设计产品之初,设计师需要针对生活中出现的具体问题进行策略研究。如在洗袜机设计研究过程中,设计人员需要将生活中的洗衣场景问题——袜子与衣服混洗不便利的原因进行归纳与总结,并对市面上现有的产品进行整理,发现针对小型衣物与婴儿用品的洗衣机存在,但没有专门针对袜子洗涤的产品,由此引发了设计可能性,即经常说的——设计痛点(见图3-6)。

图 3-6　洗袜机痛点分析

**1. 设计定位**

作为工业设计师,主要职责是设计和开发具有美学和功能性的产品,以满足用户需求并提高用户体验。这需要拥有广泛的知识和技能,完成从设计研究到对产品的具体定位,再到原型制作、材料选择和生产过程管理。在这个过程中,头脑风暴法是一种非常有效的创意技术,它可以激发我们的创造力和思维能力(见图3-7)。

图 3-7　头脑风暴

通过头脑风暴法可以明确,家用洗袜机是一种专门用于清洗袜子的家用电器,它的设计定位是为了满足现代家庭日常生活中清洗袜子的需求,提供更加方便、快捷和卫生的洗涤体验。

**2. 设计构思**

在洗袜机的设计构思中,首先,需要考虑其使用场景和用户需求。由于洗袜机主要用于清洗袜子,因此设计应注重其针对性,如设有多种袜子专用洗涤模式,以应对不同材质、颜色、形状等的袜子洗涤需求。同时,需要考虑到洗袜机的小型化设计,以便用户在家庭生活中能够随时方便地使用。

其次,在洗袜机的设计中,还需要考虑其卫生性和环保性。例如,设计一种有效的消毒功能,避免袜子在洗涤过程中滋生细菌,同时减少水资源和洗涤用品的浪费。

最后,洗袜机还应具备简洁易用的操作界面和智能化控制系统,以提高用户的使用体验和操作便利性。例如,通过添加智能化控制系统和手机 App 等配套软件,用户可以在手机上远程控制和监测洗袜机的状态,实现更加智能化和便捷化的使用。

### (四)设计草图

在产品设计之初,手绘产品草图是最高效的手段,它可以快速表达设计想法,根据需要自由灵活地调整线条、形状和比例等因素,手绘草图具有更强的艺术感和人性化,可以激发设计师的创造性,并且有助于更好地沟通和交流设计想法。

对洗袜机的设计,可根据研究尺寸绘制不同设计草图,设计过程需要做到多样性与创造性(见图 3-8)。

图 3-8  洗袜机设计草图

### (五)设计细节推敲

对于一款新的工业产品设计,需要从设计的各方面进行探讨与推敲,如设计语言、材质、界面设计、产品价格等。

1. 设计语言分析

广泛意义上谈论的设计语言其实包含了设计的所有方面,这里主要集中讨论智能产品外观的设计语言,可以从以下几个角度切入设计。

(1)线条:产品的线条可以传达出不同的情感和意义。例如,弯曲的线条可以表现出柔和温暖的感觉,而笔直的线条则可以表现出简洁和现代感。

（2）形状：产品的形状也是传达设计语言的一种方式。例如,锐利的角度可以表现出锐利和动态的感觉,而圆润的形状则可以表现出柔和和亲和的感觉。

（3）质感：产品的质感可以通过材料和表面处理来表现。例如,金属的质感可以表现出冷静和现代感,而木质的质感则可以表现出自然和温暖的感觉。

（4）颜色：颜色是产品设计语言中不可或缺的一部分,不同的颜色可以表现出不同的情感和意义。例如,黑色可以表现出神秘和高端的感觉,而白色则可以表现出简洁和清新的感觉。

（5）细节：产品的细节设计也是设计语言中重要的一部分,细节的处理可以传达出对细节的关注和用心。例如,产品的拼缝处理、零部件的组合方式、材料的拼接方式等,都可以传达出产品的设计语言。

这些设计语言都可以通过产品外观来体现,需要根据产品的定位、使用场景和受众人群等进行选择和调整。

每个产品都有属于自己的设计语言,不同品牌、不同价格的产品遵循不同维度的设计语言设定。围绕洗袜机的设计语言探索,设计师可通过对不同类型的产品设计语言进行对比,寻找更恰当的外观设计要素与路径(见图3-9)。

图 3-9 设计语言对比

## 2．材质分析

设计师对产品材质进行分析,是为了确保产品能够符合用户的审美需求和市场趋势,同时满足产品功能、性能和使用体验的要求(见图3-10)。

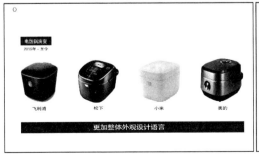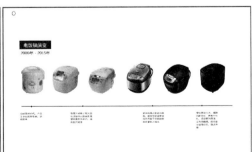

图 3-10 材质分析

首先,产品材质是用户在购买和使用产品时首先接触到的部分,也是最直观的感知因素之一。因此,产品的外观材质需要具有良好的视觉效果和手感质感,才能吸引用户的注意力,增强产品的品牌价值和市场竞争力。其次,产品材质对产品的功能、性能和使用体验也有重要的影响。不同的材质具有不同的物理、化学和机械性能,对产品的强度、耐用性、防水性、易清洁性等有不同要求。因此,设计师需要对产品的功能、性能和使用体验进行分析和评估,以选择最合适的材质,确保产品能够满足用户的需求和期望。最后,产品材质的选择还需要考虑环保和可持续性的因素。现代消费者越来越注重环保和可持续性,更加青睐使用环保材料、可回收材料或生物降解材料的产品。因此,设计师需要选择符合环保标准的材质,以满足市场需求和社会责任。

经过对家用洗袜机的材质分析和综合评估,认为机壳材料是该产品设计中最为关键的一项。机壳是洗袜机的外壳,直接决定了产品的外观质感和用户体验。因此,在选择机壳材料时,需要考虑以下几个因素。

(1)外观效果:机壳材料应具有良好的表面效果,能够呈现出产品设计所要求的外观和质感。常用的材料包括塑料、金属、玻璃等,其中 ABS 塑料和冷轧板是较为常用的材料。

(2)强度和韧性:机壳材料应具有较高的强度和韧性,能够有效防止洗袜机在工作过程中受到冲击和振动的损坏。同时,机壳材料的强度和韧性还会影响产品的稳定性和使用寿命。

(3)耐用性和易维修性:机壳材料应具有良好的耐用性和易维修性,能够在使用过程中有效减少维修次数和更换成本。对于塑料材料,需要考虑其韧性和抗老化性能;对于金属材料,需要考虑其防锈性和耐腐蚀性能。

(4)环保性:机壳材料应具有良好的环保性,不仅能够满足用户的健康需求,还能够降低对环境的污染。优先考虑使用可回收材料或环保型材料。

综合以上因素,推荐使用金属材质作为机壳材料(见图 3-11)。这两种材料具有较高的强度和韧性,能够有效防止洗袜机在使用过程中受到损坏。此外,金属材质还具有较好的表面效果和易加工性,以及良好的耐腐蚀性和易维修性。

3. 界面设计分析

设计师进行界面设计分析的目的在于提高产品的用户体验。现代产品设计已经不仅是外观和功能的设计,而更加注重用户体验和交互性。界面设计分析能够帮助设计师更好地了解用户需求,提高产品的易用性和可用性,从而提升产品的竞争力和市场占有率。具体来说,界面设计分析可以帮助设计师完成以下任务。

(1)理解用户需求:通过分析用户对不同界面的反应和反馈,设计师可以更好地了解用户需求,从而设计出更符合用户期望的产品。

(2)优化用户体验:通过界面设计分析,设计师可以发现和解决产品界面设计中的问题,提高用户的使用效率和满意度。

(3)提高产品竞争力:用户体验是现代产品竞争的重要因素之一,通过优化产品的用户体验,可以提高产品的竞争力,吸引更多的用户。

(4)减少成本:良好的用户体验可以降低产品的培训成本和用户支持成本,还可以减少

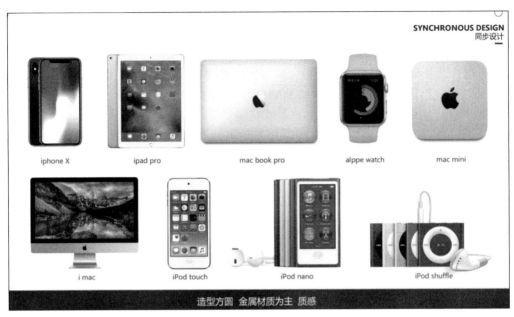

图 3-11　材质选择参考示意

产品退货率和售后服务需求。

在洗袜机的分析中,设计师围绕常见的家用产品进行相关界面分析,对洗袜机的界面设计进行基本定义,确保其整体性、简洁性、符合用户操作习惯等(见图 3-12)。

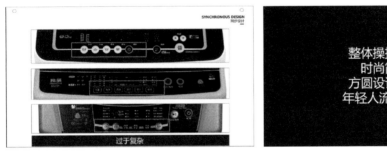

图 3-12　界面设计分析

4. 产品价格分析

对产品价格进行分析(见图 3-13)有以下几个目的。

(1) 了解消费者预期:价格市场分析可以帮助设计师了解消费者对于产品价格的预期和接受程度。通过了解消费者的预期和偏好,可以更好地确定产品定价和设计策略,从而创造出更符合市场需求的产品。

(2) 确定产品附加价值:价格市场分析可以帮助设计师确定产品附加价值,即产品价格与质量之间的平衡点。通过了解市场上的产品价格和质量情况,可以确定产品的附加价值,从而在设计过程中优化产品功能、外观、材料等方面,提高产品的竞争力和市场地位。

（3）支持品牌建设：价格市场分析可以帮助设计师支持品牌建设，因为价格往往与品牌形象和定位密切相关。通过了解市场上同类产品的价格，可以根据自身品牌形象和定位，制订相应的产品定价策略，从而巩固品牌形象和加强品牌认知度。

（4）优化产品设计：价格市场分析可以帮助设计师优化产品设计，以提高产品的市场竞争力。通过了解市场上同类产品的价格和销售情况，可以分析产品的瓶颈和不足之处，并在设计过程中进行优化和改进，从而推出更具有市场竞争力的产品。

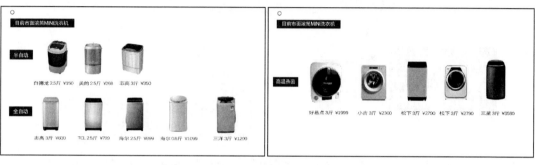

图 3-13　产品价格分析

## ▶ 五、相关网站与工具

### （一）案例收集网站

#### 1. Behance 网站

Behance 是一个面向创意人才的在线平台（见图 3-14），提供了一个展示、发现和分享创意作品的社区。Behance 于 2006 年成立，隶属于 Adobe 公司，目前已经成为全球最大的创意社区之一。Behance 聚集了全球数百万的设计师、插画家、摄影师、艺术家和其他创意人才，用户可以在平台上创建个人资料，展示自己的作品集，并且可以在其他用户的作品中发现灵感和创意。

在 Behance 上，用户可以发布各种类型的创意作品，包括设计、摄影、插画、平面设计、动画、品牌设计等。用户可以通过标签、关键词、颜色等方式来分类和搜索作品，也可以与其他用户互动、评论、点赞和分享作品。

除了作品展示，Behance 还提供了一些实用的功能，比如可以在平台上创建在线简历，甚至可以通过 Behance 找到工作机会。Behance 还定期举办各种活动和比赛，为创意人才提供了展示自己作品和与业内专业人士互动的机会。

#### 2. Pinterest 网站

Pinterest 是一个全球知名的图片分享社交网站（见图 3-15），用户可以创建并分享自己喜欢的图像收藏，也可以搜索、浏览并分享其他用户创建的图像收藏。对于设计师来说，Pinterest 是一个非常有用的资源和灵感库。

在 Pinterest 上，设计师可以收集各种类型的设计灵感和趋势，如产品设计、家具设计、室内设计等。这些灵感和趋势可以激发设计师的创造力和想象力，帮助他们更好地完成设

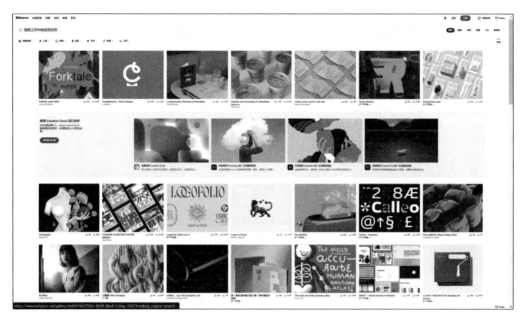

图 3-14 Behance 网站

图 3-15 Pinterest 网站

计工作。此外,Pinterest 还提供实用的设计资源,如设计图标、字体、配色方案等,可以提高设计师的工作效率。

Pinterest 也是一个分享和交流的平台,设计师可以分享自己的设计作品,展示自己的设计风格和创意,也可以与其他设计师进行分享和交流,从中获得更多的灵感和创意。

## （二）设计与学习工具

**1. XMind 思维导图工具**

XMind 是一款非常值得推荐的思维导图工具（见图 3-16），它能够帮助设计师提高设计效率和创造力，实现更好的设计成果。

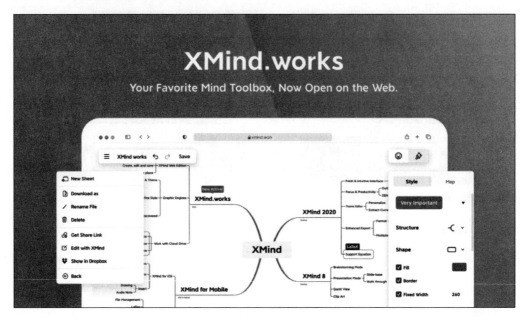

图 3-16　XMind

在设计过程中，设计师需要面对许多不同的任务，如头脑风暴、构思创意、整理设计思路、分析产品功能、总结用户研究等。这些任务的完成需要高效、有序地思考和组织，这正是 XMind 所擅长的。XMind 是一款功能强大的思维导图软件，可以帮助设计师更好地组织和整理这些想法，并将它们以图形化的方式呈现出来。通过使用 XMind，设计师可以更好地理解和表达设计概念和关系，从而帮助他们更好地创造出符合用户需求的设计方案。

除了强大的组织和表达功能外，XMind 还提供了多种实用功能，如任务分配、优先级管理、时间轴等，可以帮助设计师更好地管理和控制设计进程，使得设计过程更加高效和有序。此外，XMind 还支持多平台同步，让设计师能够随时随地访问和编辑他们的思维导图，提高了设计的灵活性和可操作性。

在工业设计中，沟通和交流也是非常重要的一环。XMind 支持导出多种格式的文档和图像，设计师可以方便地与团队成员进行共享和沟通，这对于设计师的合作学习和实践是非常有益的。更重要的是，XMind 的图形化表达、多样化样式和主题可以让设计师的思维导图更加美观、清晰，使他们的设计更具有说服力和表现力。

**2. Concepts 绘画软件**

Concepts 是一款非常出色的绘画软件（见图 3-17），特别适合设计师在 iPad 上进行创作和设计。它的优点在于其强大的功能、易于使用的界面和出色的手写体验,这些都为设计师提供了更好的绘图体验和更高的创意实现能力。

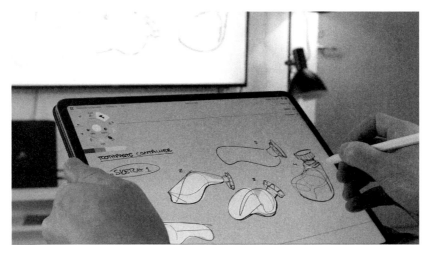

图 3-17 Concepts 绘画软件

Concepts 的界面非常简洁直观,主要由画布和工具栏组成。工具栏中的各种工具都非常直观和易于理解,可以帮助设计师快速切换到所需的绘图工具。除了基本的画笔、颜色、橡皮擦等工具外,Concepts 还提供了许多高级功能,如多层绘图、图层蒙版、图形变换等,使设计师能够更加灵活地实现设计想法。

Concepts 的另一个优点是它出色的手写体验。Concepts 使用了独特的向量绘图技术,使设计师可以在 iPad 上进行高质量的手写绘图,并能够将手写笔迹自动转换为矢量图形,使绘图结果更加精确和清晰。这使 Concepts 在绘制手写素描和手写草图等方面非常出色,能够帮助设计师更好地表达他们的想法和创意。

最后,Concepts 还提供了多种导出选项,可以将绘图导出为各种格式的文件,包括 SVG、PDF、JPEG 等。这些导出选项使设计师可以更好地与客户、团队成员或其他合作方共享他们的设计成果,并进行更有效的沟通和交流。

## 第二节 智能家居产品设计

### ▶ 一、课程概况

#### (一)课程内容

本节的训练为智能家居产品设计,以台灯为例。本次设计应该关注台灯在不同使用场景下的特点和需求。例如,在工作场所的台灯需要具有足够的亮度和光线柔和度,以避免眼睛过度疲劳;在卧室中使用的台灯则需要具备柔和的光线、合适的亮度和色温等功能,以满足用户在不同时间和场景下的需求。此外,还可以考虑引入智能技术,如通过感应器实现自动开关、台灯可以调节亮度和色温等,以提高用户的使用体验和舒适度。

因此,课程以用户需求和场景作为设计的切入点,引导读者进行台灯类产品的设计训练,帮助他们深入理解用户需求和场景,从而设计出更加符合用户需求的台灯产品,提高产品的实用性和竞争力。

## (二)训练目的

通过欣赏不同类型的台灯产品案例,使读者在训练中逐渐建立对设计流程的认知,引导读者在设计前对不同的项目进行相应的思考,对待特殊的台灯产品能够展开相应的分析,熟悉台灯产品在设计过程前对时间、空间、用户进行充分调研的重要性,让读者能够习惯性地在设计前分析用户使用情景,充分考虑台灯产品的形态、材质、灯光效果等方面的设计要素,形成全方位的分析思辨习惯,建立理性清晰的设计模式,以便在不同的项目中更好地开展设计活动。同时,通过设计台灯产品,培养读者的创新思维和解决问题的能力,帮助他们将所学知识转化为实际的设计作品,提高他们的设计水平和综合素质。

## (三)重点与难点

重点:学习分析产品功能和使用场景,掌握分析用户需求的方法和技巧,了解不同用户群体的使用需求,并以此为基础进行台灯设计,提高产品的市场竞争力,掌握台灯设计的基本流程和方法。

难点:培养设计思维和解决问题的能力,掌握产品精准定位方法,掌握材质尺寸与设计之间的关系。

## (四)作业

1. 题目:独立完成一件智能家居产品的设计

针对本节知识点,设计一款满足特定使用场景和用户需求的台灯产品。在设计过程中,需要深入了解用户的使用习惯和需求,通过调研和分析来确定产品的功能和特点。在造型和使用方式上提出创新点,提高产品的竞争力和实用性。最终作品需要体现设计的主要功能和特殊功能,同时对现有产品进行分析并优化提升,以达到更好的用户体验和市场适应性。在完成作业的过程中,掌握台灯设计的基本流程和方法,善于分析和解决问题,注重实践和创新,提升自己的设计能力和竞争力。

2. 文件要求

1)A3竖版海报

清晰地展现产品的创新点和产品的功能,挑选合适的场景图作为主要图片的背景,包含丰富的文字信息,信息内容清晰、有逻辑、简单易懂,整体版式美观,富有视觉冲击力。

2)汇报文件

汇报文件可以用PPT进行呈现,也可以用视频让受众更加清晰易懂。在PPT或视频中,要做到文案描述简单精练,文字符合逻辑,完整呈现调研过程、分析总结过程、草图绘制过程、数字模型及最终的效果图等具体内容。所有汇报内容富有逻辑,视觉上风格统一。

## ▶ 二、设计案例

### （一）Nest Learning Thermostat 智能恒温器

Nest Learning Thermostat 是一款智能恒温器（见图 3-18），可以自学用户的生活习惯，自动调节室内温度，从而节省能源费用。它具有可视化的显示屏和手机应用程序，可以远程控制温度设置，并查看能源使用情况。此外，Nest Learning Thermostat 还配有动态调节功能，可以自动关闭系统，从而减少能源的消耗。这款产品的优点在于能够智能地学习用户的使用习惯，可根据用户喜好和需求来调整温度，同时具有可视化的数据分析，直观了解能源使用情况，从而为客户提供更好的使用体验。

图 3-18　Nest Learning Thermostat
智能恒温器

### （二）Philips Hue 智能照明系统

Philips Hue 智能照明系统是一款由飞利浦推出的智能家居产品（见图 3-19）。这款产品具有无线控制功能，可以通过智能手机应用程序或语音控制设备控制照明系统，还可以根据用户的习惯自动调整灯光亮度和色彩，提供更加舒适的照明体验。此外，Philips Hue 智能照明系统还可以与其他智能家居产品集成，如智能音响和智能安全系统，从而提供更全面的家居智能化体验。

图 3-19　Philips Hue 智能照明系统

### （三）August Smart Lock Pro 智能门锁

August Smart Lock Pro 是一款智能门锁（见图 3-20），可以通过智能手机应用程序控制，也可使用语音控制设备进行操作，具有自动锁定和解锁功能，可以根据用户的位置自动解锁门锁,从而方便进入家中。此外,August Smart Lock Pro 还配备了可视化的数据分析功能,让用户了解家中出入情况,提高家居安全性。

### (四) LG Smart InstaView Door-in-Door 智能冰箱

LG Smart InstaView Door-in-Door 是一款配备了智能技术的高端冰箱(见图 3-21),具有多项实用功能。其中,最突出的是 InstaView 功能,用户可以通过敲击冰箱门上的玻璃来检查冰箱里面的物品,而不必将门打开,大幅节省了冷气的浪费和能源的消耗。LG Smart InstaView Door-in-Door 还具有 Amazon Alexa 集成,让用户可以通过语音指令来查询天气预报、播放音乐等。该冰箱还有智能识别功能,可以自动识别用户经常购买的物品并给出购买建议。另外,还有 Door-in-Door 设计,可以让用户更方便地拿取经常使用的物品而不必打开整个冰箱门。该冰箱可连接 Wi-Fi,可以使用手机应用远程控制,随时随地监控冰箱内部温度、储存状态以及各种提示信息。

图 3-20  August Smart Lock Pro 智能门锁

图 3-21  LG Smart InstaView Door-in-Door 智能冰箱

### (五) Amazon Echo Show 智能音箱

Amazon Echo Show 是一款功能非常强大的智能音箱(见图 3-22),不仅具备了普通音箱的音乐播放功能,还能与用户互动,具备了实现控制智能家居设备的功能,让生活更加智能化。它带有一个 7 寸的触摸屏,能实现语音助手 Alexa 的全部功能。除播放音乐和视频,Amazon Echo Show 还可以帮助用户做日程安排、播报天气预报,用户可以通过触摸屏或者语音控制来完成各种操作,如播放音乐、搜索内容、进行视频通话、查看购物清单、查看监控摄像头等。此外,Echo Show 还能与其他智能家居设备进行互动,如控制智能灯泡、智能门锁等。用户还可以扩展它的功能,比如可以

图 3-22  Amazon Echo Show 智能音箱

使用第三方的语音交互工具，或者将其作为家庭娱乐中心的一部分来使用。

## ▶ 三、知识点

### （一）智能家居产品支撑技术

（1）电子电路和控制系统：智能家居产品通常涉及各种传感器、执行器和控制器，需要学习相关的电路和控制系统原理，以及相关技术的应用。

（2）通信技术和网络技术：智能家居产品需要在设备之间进行通信和数据交换，需要了解不同的通信技术和网络技术，如 Wi-Fi、蓝牙、ZigBee 等。

（3）人工智能和机器学习：智能家居产品通常需要使用人工智能和机器学习技术，如语音识别、图像识别、自然语言处理等，以提供更好的用户体验和服务。

（4）人体工程学：智能家居产品需要考虑到人体工程学原则，以确保产品的舒适度和易用性。

（5）电源和电池技术：智能家居产品需要稳定的电源供应，同时还需要考虑到电池的寿命和安全性，需要学习相关的电源和电池技术。

（6）产品制造和工程设计：智能家居产品需要考虑到制造和工程设计的问题，如材料选择、加工工艺、制造流程等，需要学习相关的制造和工程知识。

### （二）智能家居产品行业巨头及重要贡献

苹果公司是科技界的领军品牌之一，在智能家居领域也推出了自己的平台 HomeKit。HomeKit 平台通过发布一个名为 Home 的应用程序，提供了"设备、场景、房间和自动化"等功能模块，用户可以通过 iPhone、iPad、Mac 或 HomePod 音箱等苹果产品来控制家中的智能家居设备。HomeKit 的最大优势在于，大量的第三方品牌积极适配该平台，以提高品牌价值和关注度，从而为消费者提供更多的产品选择。苹果公司严格的认证标准也保证了消费者能够获得一定水准以上的基本体验。

此外，谷歌和亚马逊也推出了自己的智能家居平台，以其智能音箱为核心。谷歌的智能家居平台名为 Google Nest，其产品能够与谷歌助手语音控制系统配合使用，支持家庭自动化和智能设备控制。亚马逊的智能家居平台名为 Alexa，其产品能够通过 Echo 系列智能音箱和其他 Alexa 兼容设备来实现家庭自动化和智能设备控制。虽然在国内这些平台的体验门槛较高，但它们的智能家居产品在国外市场上广受欢迎，为智能家居市场带来了更多的选择和便利。

小米是一家国产手机厂商，在智能手机领域取得了一定的成绩后，也推出了自己的智能家居平台——米家。和苹果的 HomeKit 类似，米家的实现原理是产品适配平台协议后接入米家 App，通过 App 或智能音箱控制。不同的是，小米官方直接或间接参与了众多产品的投资、设计和制造，丰富了平台的产品库。这种模式使米家可以提供不同层次的产品选择，消费者可以根据自己的需求和预算做出选择。在智能家居市场普及过程中，价格因素起着很大的作用。作为主打性价比的智能家居平台，米家迅速发展成为国内覆盖最全、综合体验最好、性价比最高的平台之一。虽然不一定适合所有人,但对于入门用户来说,米家是一个很好的选择。其他国内手机厂商也看到了智能家居的巨大市场前景,近年来相继进入这个领域。尽管由于种种主客观因素的影响,目前这些厂商的智能家居平台成熟度仍落后于小米。然而,像华为 HiLink、vivo Jovi 智联等厂商也在快速追赶,相信将会为用户提供更多选择。

2014 年,阿里推出了阿里小智作为自己的智能家居平台,但当时并没有自己的硬件产品,所以其初期仅通过第三方产品接入 SDK(software development kit),然后通过 App 连接和控制。后来,阿里小智升级更名为阿里智能,推出了以智能音箱为核心的天猫精灵。前者是阿里巨头的 IoT 开放平台统称,后者则是阿里在智能家居方面的完全属于自己的入口产品。这和亚马逊一样,以智能音箱为核心,实现智能语音技术,占领用户市场。

### (三)智能家居产品发展方向

(1)人工智能和机器学习:随着人工智能和机器学习技术的发展,智能家居产品将变得更加智能和自适应。未来的智能家居产品可以自动学习和适应用户的喜好和行为模式,从而提供更加个性化的服务和体验。

(2)多模态交互:未来的智能家居产品将不仅仅是语音交互,而是多模态交互。例如,通过手势、触摸屏幕、面部表情等多种方式与智能家居产品进行交互,更加方便快捷。

(3)安全和隐私:随着智能家居产品的普及,用户的安全和隐私越来越受到关注。未来的智能家居产品需要更加注重用户的隐私保护和数据安全,采用更加安全的通信协议和加密技术,以及更加智能的安全监控和管理系统。

(4)生态系统建设:智能家居产品将不再是孤立的产品,而是通过生态系统建设,实现更加紧密的互联互通。未来的智能家居产品可以通过互联网和云计算技术,实现更加智能化、便捷化和人性化的服务,如智能家庭健康管理、智能能源管理、智能家庭安全管理等。

(5)绿色和可持续发展:智能家居产品的发展需要更加注重环保和可持续发展。未来的智能家居产品应该采用更加节能环保的技术,如太阳能、地热能等新能源技术,以及可再生材料等绿色材料,从而实现更加可持续的发展。

### (四)智能家居产品的常用材料

(1)塑料:塑料是一种轻便、廉价、易于成型的材料,广泛应用于智能家居产品的外壳设计。

(2)金属:金属材料如铝、钢和铜等,通常用于智能家居产品框架、支撑结构和触控面板等部件的制造。

(3)玻璃:玻璃材料在智能家居产品的触控面板设计中很常见,具有高透明度、易于清洁、抗划伤等特点。

(4)木材:木材是一种自然的、环保的材料,可应用于智能家居产品的外壳和框架设计中,同时还具备温暖和舒适的触感。

(5)织物:织物材料常用于智能家居产品的外包装和内衬设计,提供柔软和温暖的质感。

（6）陶瓷：陶瓷材料具有高温耐受、美观、易于清洁等特点，常应用于智能家居产品中加湿器、饮水机等设计中。

需要注意的是，智能家居产品设计的材料选择应根据产品功能和使用场景来进行，同时需要考虑材料的可持续性和环保性。

## ▶ 四、实践程序

### （一）台灯产品分析

1. 台灯的构成

台灯通常由灯罩、支架、灯座、灯泡等部分组成（见图 3-23）。

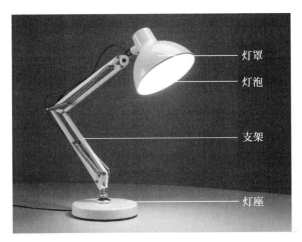

图 3-23　台灯的构成

灯罩是台灯的重要组成部分，用于遮盖灯泡，也是台灯的装饰部分。灯罩的材质通常采用玻璃、塑料、纸质等。不同的材质和形状可以营造出不同的灯光效果和氛围。

支架是连接灯罩和灯座的部分，通常由金属或塑料材料制成。支架的设计需要考虑到台灯的稳定性和美观度。

灯座是支撑灯泡和电路的部分，通常由金属或塑料材料制成。灯座的设计需要考虑到安全性、使用寿命和易用性等方面。

灯泡是台灯的发光部分，通常有白炽灯、LED 灯、荧光灯等类型。不同的灯泡类型在能耗、亮度、色温等方面有不同的效果。

2. 台灯的工作原理

现代台灯大部分采用 LED 灯作为光源。LED 灯是一种能够将电能转换为光能的电子元件。当 LED 灯通电时，电流会流经半导体芯片，激发芯片内部的电子，产生光子并释放光能，从而形成可见光。因此，LED 台灯的工作原理是通过控制电流来控制 LED 灯的亮度和颜色，实现照明效果。

现代台灯还会加入智能控制模块,使用户可以通过手机等设备来控制台灯的开关、亮度、色温等参数,实现更加便捷的使用体验。这种台灯的工作原理与传统的台灯相似,通过直流电源将电流通过 LED 灯芯片,使 LED 灯芯片发出光。智能控制模块可以通过无线通信技术(如 Wi-Fi、蓝牙、ZigBee 等)与手机或智能音箱等设备相连,实现远程控制,也可以通过语音指令或手机 App 等方式来实现灯光的控制。同时,智能控制模块还可以实现计时、定时、情景模式等功能,提高了台灯的智能化水平,使用起来更加便捷、舒适。

3. 竞品分析

1) 功能汇总

上文中阐述了台灯的产品组成及工作原理,为了进一步了解台灯的功能及产品特点,我们通过网络进一步搜索并筛选出部分台灯,并在表 3-1 中对其功能特点进行梳理。

表 3-1　台灯功能分析

| 编码 | 来源 | 产品图片 | 产品名称 | 功能特点 |
|---|---|---|---|---|
| 1 | 飞利浦 | | Philips Hue Go | 可通过智能手机应用程序控制台灯的亮度、颜色和场景;<br>可与 Alexa、Google Assistant 和 Apple HomeKit 等智能语音助手集成;<br>支持 ZigBee 和蓝牙连接,无须桥接器即可进行操作;<br>内置电池,可在无线模式下运行长达 3 小时 |
| 2 | 小米 | | 小米 LED Desk Lamp Pro | 有色温和亮度调节功能,可根据用户的喜好和需求进行调整;<br>支持智能语音控制,可通过小爱语音助手实现控制;<br>可通过智能手机应用程序进行远程控制和定时操作;<br>具有护眼模式,可以减少蓝光对眼睛的刺激 |
| 3 | TaoTronics | | TaoTronics LED Desk Lamp | 可通过触摸按钮调整亮度和色温;<br>具有定时器功能,可以设置关灯时间;<br>具有记忆功能,可以保存用户喜好的亮度和色温设置;<br>具有 USB 充电口,可以为智能手机和其他设备充电 |

2）设计分析

通过表 3-2 对竞品的设计进行分析，可以看到 Philips Hue Go、小米 LED Desk Lamp Pro、TaoTronics LED Desk Lamp 等产品在外观设计上都具有一些共性。

表 3-2　台灯设计分析

| 编码 | 来　源 | 产品图片 | 产品名称 | 造型色彩评价 |
|---|---|---|---|---|
| 1 | 飞利浦 | | Philips Hue Go | 造型简约而不失时尚感，光滑的外表面和圆润的边角使整个产品看起来非常精致；<br>使用的材料质感好，光滑的塑料外壳和亮光金属支架使产品整体质感出众；<br>配色上，这款台灯可以通过手机 App 进行调节颜色和亮度，非常灵活 |
| 2 | 小米 | | 小米 LED Desk Lamp Pro | 造型采用了简约主义设计，线条流畅、简洁，不会有过多的视觉冲击；<br>使用优质金属材料，整体外观看起来非常高档；<br>配色上，可选黑色和白色两种颜色，其中黑色显得更加低调，白色则更加亮眼 |
| 3 | TaoTronics | | TaoTronics LED Desk Lamp | 造型采用了简单实用的设计风格，外观线条简洁，非常大气；<br>使用高质量的金属材料，感觉非常结实耐用；<br>配色上，可选银色和黑色两种颜色，黑色更加低调沉稳，银色则更加亮眼 |

造型方面，这些产品都采用了现代简约的设计风格，外形简洁明了，线条流畅，没有过多烦琐的装饰，符合现代人的审美趋势。同时，造型也都很实用，能够满足使用者的基本需求，为用户提供方便。

产品配色方面，这些产品都采用比较简单的颜色搭配，主要以白色和黑色为主，突出简洁、时尚的风格。此外，Philips Hue Go 还提供了多彩的配色方案，用户可以自由选择不同的灯光色彩，实现不同的场景需求，增加了产品的趣味性和实用性。

目前台灯由多个模块组合而成，不同品牌选用了不同的材质，表 3-3 是台灯的常用材质。

表 3-3　台灯常用材质

| 材　质 | 材　质　特　点 | 使　用　部　件 |
|---|---|---|
| 硅胶 | 柔韧、耐高温、防水 | 灯罩、按键 |
| PC | 高强度、耐热、透明度高 | 外壳、灯罩、按键、底座 |
| ABS 塑料 | 抗冲击、抗刮擦、耐热 | 外壳、灯罩、按键、底座 |
| 铝合金 | 轻盈、抗氧化、散热快 | 外壳、灯罩、底座 |

材质方面,这些产品大部分采用了工程塑料和金属材料,既能满足台灯的实用功能,又能兼顾外观设计和用户体验。具体而言,铝合金材质轻盈、抗氧化,使产品更加耐用,适用于需要支持台灯的结构部件;PC 材质具有高强度和透明度高的特点,常用于灯罩,使灯光更加柔和及均匀;ABS 塑料材质则是一种具有韧性的塑料,常用于支撑和保护灯具的部件;硅胶材质则具有柔韧和防水特性,常用于台灯按键等部件。

综上所述,这些台灯产品外观设计的共性是简约、实用、现代化,配色也以白色、黑色为主,给人一种高端、时尚的感觉。同时,这些产品的材质也非常优秀,保证了产品的质量和使用寿命。

## (二)台灯用户分析

设计过程中,统计当前与台灯接触较为密切的 300 名用户的基本资料,并将用户进行分类和数量统计。在 300 名用户中包含女性 150 名,男性 150 名,其中使用者 250 名,作为礼物送给他人的消费者 50 名;使用者中,学生约占 35%,白领约占 53%,老年人约占 8%,其他用户占 4%。其中在家庭中使用台灯的用户占比约 55%,工作中使用台灯的用户占比约 35%,其他环境下使用台灯的用户占比约 10%。

1. 不同用户特征

1)学生用户

学生用户需要台灯具备良好的亮度和色温调节功能,以便更好地满足他们的学习需求。学生用户还希望台灯具有可调节的灯光角度和方向,这样就可以根据需要把光线照射到书本、文具、笔记本电脑等不同位置。此外,台灯的灯罩材质最好是防眩光的,避免照射到屏幕上产生反光,影响学习和阅读效果。

学生用户更加注重台灯的外观设计和装饰性。他们希望台灯的外观可以与房间装修风格相匹配,营造出一个舒适、温馨的学习环境。此外,部分学生用户还喜欢台灯带有一些可爱或有趣的元素,如可爱的造型、漫画或动漫人物等,这些元素能够增加台灯的趣味性和个性化,也能够调节学生用户的心情,增强学习动力。

学生用户在购买台灯时往往更加注重价格和性价比。由于学生用户的经济能力相对较弱,他们需要一款性价比高的台灯,不但具备较为全面的功能,还能够在价格方面给予他们更多的优惠和折扣。因此,学生用户在选择台灯时通常会选择那些价格适中、质量较好、功能全面的产品。

2)白领用户

白领用户是台灯的主要使用群体之一,台灯对于这些用户来说是办公环境中不可或缺的一部分。他们通常在办公室长时间工作,也有一部分时间是在家办公。台灯为这些用户提供了较好的照明效果,使用户能够更好地看清文件和屏幕。

白领用户在选择台灯时通常会关注灯光的亮度、调节和舒适性,还有设计与造型。对于这些用户来说,灯光的亮度和调节非常重要,因为他们需要在长时间的工作中保持良好的精神状态,也需要保护视力。因此,白领用户通常会选择具有多种亮度和色温可调的台灯,这些台灯可以根据不同的场景进行调节,让用户更加舒适。

白领用户也注重台灯的外观设计,通常选择简洁、时尚、现代化的款式,以适应现代化的办公环境。台灯的颜色通常会选择白色或黑色,以与其他办公设备相协调。台灯还应具有可调节的灯臂和灯头,以更好地适应工作场景需要和用户习惯。

3)老年人用户

老年人是一个重要的用户群体,他们对台灯的需求和使用方式有其特殊性。老年人用户对台灯的要求主要集中在使用便捷性、眼睛保护和健康功能上。

老年人用户使用台灯的频率相对较高,他们更倾向于在晚间阅读、休息和娱乐时使用台灯。同时,老年人用户的眼睛比较容易疲劳,因此台灯的光线应该柔和、舒适,对眼睛的保护性要强。

老年人用户使用台灯的方式也比较特别。由于年龄原因,很多老年人的身体机能已经有所退化,因此台灯的开关、调节等功能要方便易懂、容易操作。一些智能控制台灯可以使用语音控制或者 App 远程控制,更符合老年人用户的使用习惯。

老年人用户在使用台灯的同时,也会关注台灯对身体健康的影响。一些台灯具备智能调节色温和亮度的功能,可以更好地适应老年人的视力需求和生物钟规律,减轻睡眠问题和免疫力下降等问题。

2. 不同用户群的共同需求

1)外观设计

台灯作为一种装饰品也要考虑到外观设计,不同用户对于外观的需求也会有所不同,但是都会注重其美观性和实用性。

2)灯具稳定性

用户对于灯具的稳定性和寿命都有一定的要求,希望能够使用较长时间而不需要频繁更换。

3)照度和亮度

无论是学生、白领还是老年人用户,在使用台灯时都需要光线柔和、亮度适宜的光线,以减轻眼睛疲劳和保护视力。

4)色温和光谱

不同的用户对色温和光谱的要求不同,但都需要能够提供舒适的光线,尽量减少对眼睛的刺激,同时要能够提高工作和学习效率。

3. 不同环境使用特征

1)家庭中使用台灯的特征

家庭中使用的台灯特征是其功能需求和造型风格的多样性。家庭中的使用场景较为宽泛,用户通常需要考虑到多种功能需求,如亮度、色温、色彩等。此外,台灯的造型风格也会因不同的使用场景而有所不同,如儿童房中的台灯通常会采用卡通或动物造型,而客厅或书房中的台灯则更注重简约、时尚或艺术感。另外,在家庭中使用台灯的用户对材质的要求也较高,特别是对环保材料的要求。相比于其他用户群体,在家庭中使用台灯的用户更注重台灯的健康和环保性,因此在材质选择上更倾向于选择环保、无毒的材料。总的来说,家庭中使用台灯的用户群体需求广泛,功能多样性、造型风格多样化、材质环保健康等特征是其使用台灯的主要特点。

2)工作中使用台灯的特征

工作中使用台灯的用户需要使用台灯帮助完成工作任务,因此对光照的要求比较高。一方面,需要光照均匀、亮度适中的台灯来减少眼部疲劳,提高工作效率;另一方面,需要台灯提供具有一定调节性的光照,以满足不同工作任务的需求。例如,对于长时间用眼的工作,如计算机操作、绘图等,需要台灯提供柔和、温暖的光线来缓解眼部疲劳;对于高度集中注意力的工作,如阅读、写作等,则需要台灯提供明亮、集中的光线来提高工作效率。另外,工作中使用台灯的用户群体中,有一部分用户需要频繁移动台灯位置,因此他们更加注重台灯的便携性和灵活性。例如,有些人在办公室中多个工作区域之间切换,有些人则在不同的场所进行工作,因此他们更偏好轻便、易携带的台灯。最后,对于工作中使用台灯的用户群体,他们的台灯选择也会受到工作环境的影响。例如,在办公室中,台灯的样式和颜色要与整个办公室的装饰风格相协调,也要避免光线干扰周围同事。而在家庭办公环境中,则更注重台灯的个性化和舒适性。

## （三）用户需求与设计方向

### 1. 用户需求分析

表 3-4 是对用户需求的汇总,这些需求分别来自用户行为观察总结的需求和用户访谈记录的需求。

表 3-4 用户需求汇总

| 远程控制 | 稳定性 | 播放音乐 | 配色舒缓 | 灯光多样 | 质量可靠 | 方便操作 |
|---|---|---|---|---|---|---|
| 及时需求 | 方便维修 | 一体化 | 造型美观 | 良好散热 | 娱乐需求 | 照明需求 |
| 物品放置 | 移动便捷 | 交互便利 | 无线充电 | 造型现代 | 材质舒适 | 适应环境 |
| 功能提示 | 操作轻松 | 体积小巧 | 娱乐需求 | 设计感强 | 色温调节 | 造型美观 |

### 2. 功能定义

根据调研可以预测市场上台灯的空白市场,确定产品设计的方向。通过用户需求的总结确定产品设计方案的方向和重点,以满足用户的需求。同时,还要考虑市场的发展现状和趋势,包括竞争格局、市场空白点和创新点,以此来指导产品的开发和创新。

基于上述台灯的产品与用户调研、环境分析以及用户需求分析,在设计时,这款台灯要考虑产品的功能、性能、质量和外观设计等方面。功能方面,要满足亮度可调、色温可调、光源柔和、远程操控、无线充电的用户需求；性能方面，要满足耐用性、节能性；质量方面，要保证台灯的稳定性、可靠性和安全性；外观设计方面，要做到造型美观、时尚感、人性化。同时，设计时需要考虑产品的可行性和生产成本等因素。

### （四）台灯造型设计方案

1. 设计草图与细化

根据产品调研、环境分析和用户需求总结，针对市场上的空白市场，开发一款创新的台灯产品，在此基础上绘制产品设计草图。绘制前，要先考虑元器件的大小，因为元器件的大小和形状直接影响产品的外观和性能。比如，LED 灯珠的大小和颜色会影响光的亮度和色彩，电源适配器的大小和形状会影响产品的便携性和使用方便性，感应器会影响控制产品的成功率。因此，在手绘中也要充分考虑各种元器件的尺寸和特性，以确保产品的功能和外观的完美结合。最后通过绘制产品设计草图和草图细化来形象化地表达产品设计方案，从而进一步确认产品功能、特点和外观等方面的要素（见图 3-24）。

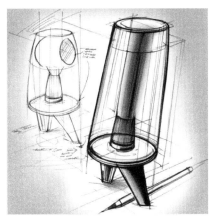

图 3-24　台灯设计草图

2. 方案选择与深入设计

经过设计手绘，能够针对性地选择出适合深入设计的初步方案，为了确保设计能够满足核心用户的需求，可以请一些典型用户从便利性、科技性、实用性、美观性和舒适性等方面对所有概念方案进行评价。评价的结果将对后续的设计方向产生重要影响。基于评价结果，挑选出分数较高的方案，对其进行 3D 建模与渲染（见图 3-25 和图 3-26），这样能更加直观地展示设计方案的效果，也有助于团队成员之间的沟通和交流。

图 3-25　多方案 3D 建模与渲染（1）

在 3D 建模与渲染的过程会充分考虑每个细节，并且将设计的理念融入产品的每个方面。这样能够更加完善的展示产品的最终效果，同时确保最终的产品不仅能够满足核心用户的需求，还能够达到市场的预期，具备较高的市场竞争力。

图 3-26　多方案 3D 建模与渲染（2）

### 3. 最终方案选择

结合前期对用户需求、市场现状、产品调研的综合分析，根据拟定的设计方向，在设计阶段进行多个方案的手绘、3D 建模和渲染，并根据便利性、科技性、实用性、美观性和舒适性等方面进行综合评价，最终选择最符合用户需求的最佳方案进行后续的开发工作，完成最终的设计效果图（见图 3-27 和图 3-28）。

图 3-27　台灯最终设计效果图（1）

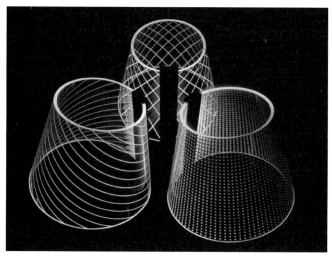

图 3-28　台灯最终设计效果图（2）

4. 设计说明

1）产品命名与设计理念

产品命名为 KONG，KONG 是一款蕴藏东方哲思的手机无线充电氛围灯，东方的审美非常关注虚与实、围与透的关系。以往的台灯通常都包含灯泡和灯罩，KONG 最大的特色在于巧妙地把 LED 灯珠隐藏到了金属支架内，以此保证灯罩内部的"空"和"纯粹"。设计师对导光材料做了深入的探索，最终找到一种可行的工艺，可以完美地将图案或纹理以立体的方式呈现出来。设计师可以设计出千变万化的灯罩纹理，轻松营造出复古、文艺、优雅等多种不同的调性，适配各种的家居空间，也让用户 DIY 定制图案成为可能。

2）功能说明

这款台灯经过精心的设计，融合了众多实用的功能，主要包括以下方面：具有无线充电功能，可以为用户的手机提供方便的充电服务，免去了使用充电线的麻烦（见图 3-29）；采用隔空手势开关技术，让用户通过简单的手势完成开关灯的操作，更智能便捷（见图 3-30）；支持五档亮度和五挡色温的调节，用户可以根据需要自由调节光线的明暗和色调，满足不同环境下的需求，提高使用体验。

3）使用场景说明

这款台灯设计的灵活性和多功能性使其可以适应多种场景。在家中，它可以成为一个沙发灯，使用户在阅读和放松时拥有温暖的光线。当用户需要进行化妆、照镜子或是化妆品拍照时，它可以作为一个化妆灯，提供均匀而柔和的照明。在约会时，它可以为用户提供柔和的光线，营造出浪漫的氛围。购物时间，它可以成为一盏购物灯，提供明亮的光线，让用户更好地看清细节。在咖啡时间，它可以为用户提供柔和的照明，营造出轻松愉悦的氛围。在工作时间，它可以成为一盏办公灯，提供明亮的光线，帮助用户更加专注地工作。在睡觉时间，它可以作为一个床头灯，为用户提供轻柔的照明，帮助用户更好地入睡。甚至在旅行中，它也可以为用户提供便携的光源，不必担心找不到合适的灯具（见图 3-31）。

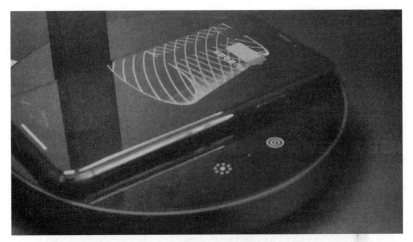

图 3-29　KONG 台灯无线充电功能

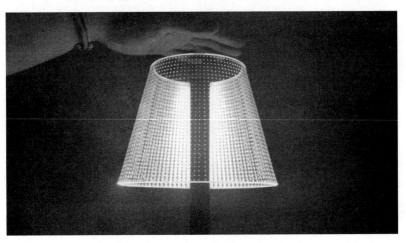

图 3-30　KONG 台灯隔空手势开关

|  |  |  |  |
|---|---|---|---|
| 放松 | 化妆 | 约会 | 购物 |
| 喝咖啡 | 工作 | 睡觉 | 旅行 |

图 3-31　KONG 台灯的使用场景

## 第三节　智能医疗产品设计

### ▶ 一、课程概况

#### （一）课程内容

本节的训练以智能医疗产品的使用流程作为设计切入点，以中医四诊仪作为设计的对象，引导学习者进行医疗设备类产品设计训练，满足不同诊疗人群在特定环境中利用中医四诊仪完成更快、更好、更准的诊断需求。

#### （二）训练目的

通过欣赏中医四诊仪这一具有特点的智能医疗产品，在训练中逐渐搭建对设计流程的认知，引导读者在设计前对不同的项目展开相应的思考，对待特殊的产品能够展开相应的分析，熟悉医疗产品在设计过程前对时间、空间、用户进行充分认识调研的重要性，养成在设计之初分析用户使用情景的习惯，在设计活动中形成全方位分析思辨思维，建立理性清晰的行为模式，以便在不同的项目中更好地开展设计活动。

#### （三）重点与难点

重点：分析中医四诊仪的功能，了解如何一步一步分析出用户最迫切的需求，掌握调研的方法与内容，总结调研的过程与规律，选择合适的调研方法。

难点：在提升设计创新性的同时确保设计的落地性，能够洞察特殊产品的特殊需求。

#### （四）作业

1. 题目：独立完成一件智能医疗产品的设计

医疗产品的设计需要满足特定使用情境，满足病人或特殊用户的使用需求，同时需要在产品造型以及使用方式上提出创新点，最终作品要体现设计的主要功能和特殊功能，产品外观上要针对现有产品进行分析并优化提升。

2. 文件要求

1）A3 竖版海报

海报要清晰展现产品创新点和产品的功能，挑选合适的场景图作为主要图片背景，要有丰富的文字信息，信息内容清晰、有逻辑、简单易懂，海报整体版式要美观，富有视觉冲击力。

2）汇报文件

汇报文件用 PPT 进行呈现，也可以用视频让用户更加清晰易懂。PPT 及视频中文案描述简单精练，文字符合逻辑，完整呈现自己的调研过程、分析总结过程、草图绘制过程、数字模型及最终的效果图等具体内容。所有汇报内容富有逻辑，视觉上风格统一。

## ▶ 二、设计案例

### （一）Celloger Nano 活细胞成像系统

Curiosis 是来自韩国的创新生物技术公司，致力于提供生命科学领域的综合解决方案，尤其是细胞应用方面。Celloger Nano 是 Curiosis 于 2021 年推出的自动化活细胞成像系统（见图 3-32），主要用于生物实验室监测和分析培养箱内的细胞生长。虽然外观紧凑小巧，但内部配备了卓越的自动聚焦技术和精确的载物控制器，清晰明亮的视野和荧光延时图像技术，有利于视频的生成与制作。Celloger Nano 采用极简主义设计，顶端弯曲的形式，为产品带来独特的视觉呈现。强大的交互和清晰的功能展示，以及黑色材料的细节处理传达了产品的高质量、高精度和专业性。

图 3-32　Celloger Nano 活细胞成像系统

### （二）Portrait Mobile 移动患者监护系统

GE Healthcare 是一家数字医疗技术提供商，以医疗器械而闻名。Portrait Mobile 是一种便携式监测解决方案，即移动患者监护系统（见图 3-33）。医生通过远程查看器即可实时观察患者状态，并为其提供优化护理方案。Portrait Mobile 不仅能确保患者的舒适体验，而且其易用性也便于操作。患者康复是一个长期的过程，过去的医疗器械往往庞大而笨重，使患者不得不长久待在病床上，冰冷的机器和医院的环境往往会影响患者对护理治疗的信心。Portrait Mobile 采用温和的设计语言，利用智能手机和软件将患者从床边监控器中解放出来，给患者带来更多自由，从而减轻其心理压力。

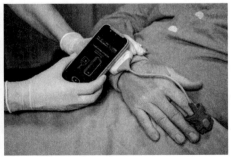

图 3-33　Portrait Mobile 移动患者监护系统

### （三）Rediroom 即时病人隔离室

美国疾病控制与预防中心估计，每31名住院患者中就有1人患有感染性疾病。患者将有害微生物释放到环境中，许多病原体可以通过直接接触或间接接触传播。新冠疫情的流行凸显了感染控制的重要性，也强调了隔离屏障和使用个人防护用品在减少传播方面发挥的关键作用。Rediroom 即时病人隔离室可以在5分钟不到的时间里，迅速从移动推车转变为隔离室，还可以根据需要随时移动（见图3-34）。Rediroom 内置的微粒空气过滤器，可以减少呼吸道的飞沫传播，配备的一系列智能设计功能和个人防护用品，便于医护人员能够快速应对感染暴发。相比过去医院建造的传统隔离病房，Rediroom 极大地降低了成本，有效缓解了医院床位紧的问题，更重要的是它改变了传统隔离病人的方式，让医院在处理疫情暴发和病床压力方面有了更多的控制权。

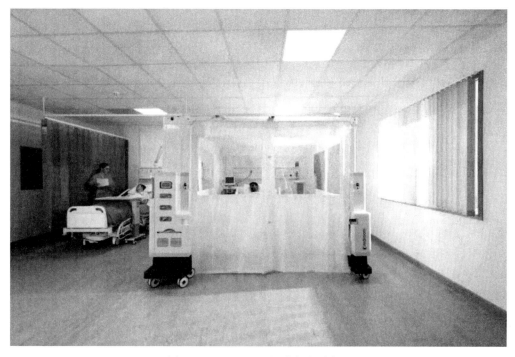

图 3-34　Rediroom 即时病人隔离室

### （四）Hilab 血液检测服务

Hilab 是一个基于智能在线医疗平台的服务系统，用一滴血就可以进行检测（见图3-35）。医护人员只需将血液放入便携式仪器中，通过人工智能算法进行分析，生成实验室报告，并由持证专家远程签字发布，整个过程只需10~20分钟。患者不需要去医院，通过智能软件就可以查看结果。凭借高度灵活性和可复制性，Hilab 可以服务于缺乏物理实验室的偏远地区，也可以在没有互联网连接的地区，如土著村庄和监狱，离线进行测试。

图 3-35　Hilab 血液检测服务

## ▶ 三、知识点

### （一）医疗产品的设计原则

医疗产品需要遵循以下设计原则,确保产品的质量和效果,提高用户的使用体验和满意度。

（1）以用户为中心的原则:从用户的需求、行为、心理和使用环境等方面出发,进行全面、深入的用户研究,确保产品设计符合用户的需求和期望。

（2）舒适性原则:根据人体生理结构和功能特点,设计符合人体工程学的产品,让患者和医生在使用过程中更加舒适、安全和高效,减少对人体的损伤和疲劳,提高工作效率和质量。

（3）可用性原则:确保产品易于使用和掌握,界面设计简洁、清晰、直观,操作流程简单、顺畅,错误提示明确、友好,提供有效的帮助和支持,降低使用难度和学习成本。

（4）安全性原则:确保产品安全可靠,符合医疗行业的安全标准和法规要求,预防和控制可能出现的风险,如电磁辐射、器械故障、数据泄露等,保障用户的身体健康和个人信息安全。

（5）可维护性和可升级性原则:确保产品易于维护和升级,降低维护成本和风险,提高产品的可靠性和持续性。

（6）医学道德原则:医疗产品设计需要符合医学道德原则,尊重患者的隐私和自主权,避免任何可能的伤害和侵犯,同时保护医生的职业尊严和专业权威。

### （二）医疗产品设计与虚拟现实技术

医疗产品设计与虚拟现实技术有很多联系。虚拟现实技术可以从以下方面帮助医疗产品设计更好地解决实际问题。

（1）诊断和手术模拟:虚拟现实技术可以生成高精度的三维模型,帮助医生更好地了解人体结构和器官的功能,进行手术模拟和操作,从而提高手术的精度和成功率(见图 3-36)。

图 3-36　诊断和手术模拟

（2）康复训练：通过虚拟现实技术，患者可以进行康复训练，如步态训练、手部运动等，可以更加直观地感受训练效果，也可以减少因运动过程中的错误动作而产生的风险。

（3）治疗心理疾病：虚拟现实技术可以提供一种安全的治疗方法，如针对恐惧症、创伤后应激障碍等心理疾病，可以通过虚拟现实的情境重现技术，让患者更好地面对和逐步克服恐惧，达到治疗的效果。

（4）医疗教育：虚拟现实技术可以帮助医学生更好地理解和掌握医学知识和技能，如虚拟手术和病例演示等。这样可以提高医学生的实践能力，培养出更优秀的医疗人才。

（5）医患沟通：虚拟现实技术可以改善医患沟通，如通过虚拟现实技术，医生可以更好地向患者解释医疗方案和手术流程，使患者理解并放心地接受治疗。

总之，虚拟现实技术为医疗产品设计提供了更多创新的思路，可以帮助医生更好地进行医疗诊治和康复训练，也为患者提供了更加便捷和安全的医疗服务。

### （三）新时代医疗产品的其他创新方向

采用自然语言处理技术，使用户可以更轻松地与产品进行交互，如语音识别和语音合成技术；采用可穿戴设备和传感器技术，实时监测用户的健康数据，如心率、血压和血糖等；利用大数据和机器学习算法，对用户的健康数据进行分析和预测，帮助用户及时发现健康问题；利用区块链技术，确保用户的健康数据的安全性和隐私性，以及数据共享的可控性；利用智能图像识别技术，对医学图像进行分析和诊断，如 X 光片和病理切片等；引入云计算和边缘计算技术，加快数据处理和响应速度，提高产品的性能和效率；采用智能推荐和个性化推荐算法，根据用户的健康数据和偏好，推荐适合的医学知识和治疗方案；与智能家居和智能城市技术融合，形成一体化的健康管理生态系统，如远程医疗和智能养老等；利用社交媒体和社区功能，建立用户之间的互动和支持，促进健康生活方式的传播和分享。以上这些，都是新时代医疗产品的发展方向（见图 3-37）。

图 3-37　新时代医疗产品

### （四）医疗产品的常用材料

（1）金属材料：例如钛合金、不锈钢等，常用于制作假肢、手术器械等。

（2）高分子材料：例如聚乙烯、聚氨酯等，常用于制作人工器官、医用橡胶制品、手术用品等。

（3）玻璃材料：例如玻璃纤维、硅胶等，常用于制作医用输液瓶、注射器等。

（4）陶瓷材料：例如氧化铝、氮化硅等，常用于制作人工骨、牙齿修复材料等。

（5）纤维材料：例如碳纤维、玻璃纤维等，常用于制作假肢、矫形器等。

（6）橡胶材料：例如丁腈橡胶、氯丁橡胶等，常用于制作医用手套、输液管等。

（7）化学纤维材料：例如聚酯纤维、聚酰胺纤维等，常用于制作医用绷带、敷料等。

（8）生物材料：例如动物组织、蛋白质等，常用于制作医用生物材料、生物胶水等。

医疗产品材料的选择取决于产品的功能需求、制造的工艺要求、材料的物理化学性能等因素，同时需要考虑材料的安全性、可持续性、环保性等方面的因素。

## ▶ 四、实践程序

在医疗产品设计中，设计定位是十分重要的，因为它决定了整个设计的方向。在确定设计定位时，需要综合考虑产品本身的特点、优势以及使用者的需求和偏好。针对产品本身，设计定位需要考虑产品的功能、特性、材料、生产成本等方面的因素，以确保设计方案符合产品定位和市场定位。针对使用者，设计定位需要了解用户的心理和行为特征，研究用户的需求和使用场景，以确保设计方案能够满足用户的实际需求和体验感受。因此，设计定位应该是一个全面的过程，需要设计师和研发团队不断进行调研和探索，以找到最适合产品和使用者的设计方案，提高产品的市场竞争力和用户体验。

设计一款好的中医四诊仪需要考虑以下几个方面。

（1）仪器的测量准确性：中医四诊仪是通过采集人体各部位的生物信号进行诊断，因此仪器的测量准确性非常重要。设计师需要选择高精度的传感器和仪器来确保数据的准确性。

（2）使用体验的友好性：仪器的使用应该简单明了，易于上手，避免让用户感到困惑。

设计师需要设计一款简单易用的用户界面和交互方式,使用户可以快速了解和操作仪器。

（3）数据分析的可靠性：设计师需要设计一种可靠的算法来分析采集到的数据,以便能够准确地进行诊断。同时,设计师还需要确保算法的可重复性和稳定性。

（4）设计的美观性：仪器应该具有美观的外观和人性化的设计,以提高用户的满意度和信任感。同时,也应该考虑到产品的重量和尺寸,使其易于携带和使用。

（5）数据的存储和共享：仪器应该具有数据存储和共享功能,以便医生可以方便地查看和分析数据。同时,设计师也应该考虑数据的安全性和隐私保护。

下面详细讲述中医四诊仪的设计流程。

## （一）中医四诊仪分析

1. 四诊仪构成

中医四诊仪是在硬件和软件共同作用下完成诊断的,其组成结构复杂,表 3-5 汇总了中医四诊仪的硬件组成,表 3-6 汇总了中医四诊仪的软件构成。

表 3-5　中医四诊仪的硬件构成

| 硬件名称 | 详细内容 |
| --- | --- |
| 电子计算机 | 主机、键盘、鼠标、显示器等 |
| 舌诊仪 | 高清摄像头、暗箱等 |
| 面诊仪 | 高清摄像头、暗箱等 |
| 问诊仪 | 触摸显示屏幕等 |
| 脉诊仪 | 脉象采集模块、电路放大模块等 |
| 打印机 | 打印机 |
| 其他硬件 | 工作台车、上述设备支架（舌、面诊仪支架、显示器支架）、线路（各设备的电源线和设备与计算机的数据传输线）、座椅（医师座椅、患者座椅、问诊座椅）等 |

表 3-6　中医四诊仪的软件构成

| 软件名称 | 系统功能 |
| --- | --- |
| 舌象诊断系统 | 运用图像采集设备进行舌象采集,并通过不同方式的分析算法在计算机内对舌象进行分解和分析,得出相关舌象的客观数据 |
| 面象诊断系统 | 运用图像采集设备进行面象采集,通过不同方式的分析算法在计算机内对面象进行分解和分析,得出面象的客观数据 |
| 脉象诊断系统 | 部分脉诊设备通过气压装置和传感器将收集到的脉象数据传送到计算机系统进行数据分析,得出相应诊断结果 |
| 体质辨识系统 | 把多种诊断设备采集到的患者信息和数据在后台和已有数据库进行数据对比、运算和归类识别,分析出患者的不同体质特征 |
| 养生调理系统 | 将患者体质状况的数据和后台已有的体质数据库进行对比、运算和归类识别,分析出更适合患者调养身体的季节养生、饮食调理、运动调理、穴位按摩等不同方针,供患者参考实施 |
| 经典处方系统 | 将患者体质状况的数据和后台已有的体质数据库进行对比、运算和归类识别后,后台的专家数据库会通过显示设备或打印设备输出相应的治疗方案 |

2. 四诊仪工作原理

1）望诊设备工作原理

望诊设备工作原理如图 3-38 所示。

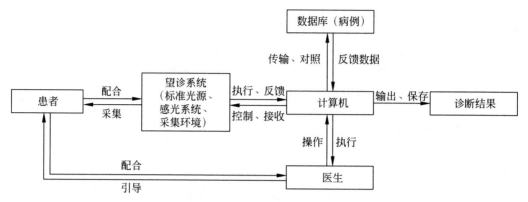

图 3-38　望诊设备工作原理

2）问诊设备工作原理

问诊设备工作原理如图 3-39 所示。

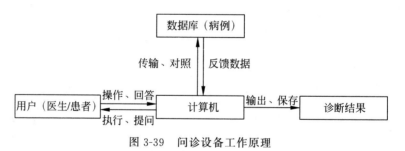

图 3-39　问诊设备工作原理

3）脉诊设备工作原理

脉诊设备工作原理如图 3-40 所示。

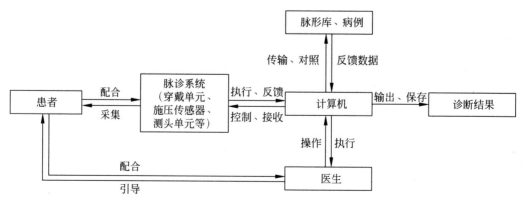

图 3-40　脉诊设备工作原理

3. 竞品分析

1）功能分析

了解中医四诊仪的构成及工作原理后，为了进一步了解中医四诊仪的功能及产品特点，可通过网络进一步搜索并筛选出部分中医四诊仪，表 3-7 对其功能特点进行了梳理。

表 3-7　中医四诊仪功能特点分析

| 来　源 | 产品图片 | 功能特点 |
|---|---|---|
| 亨隆科教 | | 由六大系统构成：中医脉象诊断系统、舌面象诊断系统、体质辨识系统、养生调理和处方系统、脉象诊断系统；<br>在中医指导下可以同时完成舌象诊断、面色诊断、脉象诊断并进行舌像采集分析与处理、面色采集分析处理、中医脉象采集分析处理以及体质辨识，是综合的中医四诊设备；<br>数据可供中医辨证参考，也可以帮助进行问诊辅助教学 |
| 道生医疗 | | 采集体质辨识系统融合大量现代科技成果以及众多中医专家临床经验，将中医舌诊、面诊、脉诊、问诊等子系统整合，可记录、分析、保存四诊原始图像、客观化数据、四诊特征，为健康状态辨识、中医辨证提供客观化依据，并支持开展个体化中医健康管理服务 |

为了全面了解各类诊断设备功能，还可以进一步了解市场上的望诊设备、问诊设备、脉诊设备，并对其功能进行总结。

2）造型色彩分析

为清晰了解中医四诊仪设计趋势，表 3-8 总结了产品设计特征，对中医四诊仪的配色、造型进行分析。

从对中医四诊仪的造型色彩分析中可以得知，该类产品的外观设计大多数比较单一，各诊断设备分别安置在不同模块，具有相似的布局方式。造型设计以实现基本结构和产品的基本功能为主，单一的造型缺乏美感，产品设计没有考虑引导用户检测的提示。部分中医四诊仪外观设计略有突破，改变了造型单一的现状，但是在产品造型与功能结合，以及产品形象的设计上仍有提升空间，有待设计师进一步研究优化。

从当前配色可以看出目前中医四诊仪的颜色以白色、灰色为主，底部的深色可以增强设备的沉稳感，少数中医四诊仪大胆地采用了鲜亮的色彩，虽然鲜艳颜色过多不适合医疗环境，但适当的使鲜艳的色彩可以提升设备的生动感。

表 3-8　中医四诊仪造型色彩分析

| 来　源 | 产品图片 | 产品配色 | 造 型 特 点 |
|---|---|---|---|
| 亨隆科教 | | 雅白色＋深灰色 | 形态由多种几何体组合而成,造型生硬,组合部件多,视觉略复杂;显示器活动臂和底部采用两组脚轮都增加了设备移动的便利性;望诊设备头重脚轻,给人容易倾倒的不适感;键盘摆放位置占据了部分工作台的桌面空间;工作台车的打印机位置增加了设备的稳定感;延伸出的工作台车脚轮增加了设备的稳定性,但也使设备存在绊倒用户的可能性。<br>色彩上使用略微泛黄的雅白色加深灰色,传达出产品老旧的感觉;底部的深灰色一定程度上增加了产品的稳重感 |
| 道生医疗 | | 白色＋冷灰色 | 造型简洁,将四诊模块组合到一台工作台车上,不会占据太多室内空间;设备的工作台车采用了轻微的弧面造型,增强设备亲切感;望诊设备简单呆板、体量庞大,给人不安全感;望诊设备的活动臂提升了使用了便利程度;键盘摆放位置占据了部分工作台的桌面空间;延伸出的工作台车脚轮增加了设备的稳定性,但也使设备存在绊倒用户的可能性。<br>色彩上使用了白色加冷灰色,给人感觉产品较高级,底部的深灰色一定程度上增加了产品的稳定感。缺少点缀色彩 |

3）材质分析

中医四诊仪由多个模块组合而成,每个模块根据不同功能使用了不同的材质,表 3-9 是中医四诊仪的材质分析。

表 3-9　中医四诊仪材质分析

| 使用材质 | 材 质 特 点 | 使 用 部 位 |
|---|---|---|
| 纺织物 | 材料柔软且透气性好,成本低、舒适性高 | 多用于气压式脉诊设备与人体接触的充气装置 |
| 尼龙 | 良好的回弹性、抗疲劳性、耐磨性 | 脉诊设备气压装置固定带 |
| ABS 塑料 | 生产成本低、工艺简单 | 外壳 |

中医四诊仪具有多种不同性能的材质,在与人机接触部位多数采用纺织物,在支撑和机构部位需要材料具有较高强度,所以采用合金钢和不锈钢的材质,在其他外壳等部位多数采用了生产成本低、制作工艺简单的 ABS 塑料等材质。

## （二）中医四诊仪用户分析

1. 用户提取和分类

收集当前与中医四诊仪接触较为密切的 260 名用户的基本资料,并将用户进行分类和统计。在 260 名用户中包含女性 112 名,男性 148 名,其中操作人员 7 名,患者 253 名;患者中,30 岁以下患者 19 名,占比 7.5%,30~50 岁用户 43 名,占比 17%,50~70 岁用户 108 名,占比 42.7%,70 岁以上 83 名,占比 32.8%。

2. 不同用户特征对比

通过对六类用户进行简单观察,总结了六类用户与中医四诊仪互动的行为特征,如表 3-10 所示。

表 3-10　中医四诊仪用户互动行为特征

| 人 群 | 行 为 | 场 所 | 操作频率 | 使用目的 | 接触时间 | 诊断技能 | 操作完整度 |
|---|---|---|---|---|---|---|---|
| 中医师 | 操作 | 中医院 | 少 | 辅助诊断 | 中 | 丰富 | 部分操作 |
| 医师助理 | 操作 | 中医院 | 多 | 辅助诊断 | 长 | 一般 | 不定 |
| 患者 | 检测 | 中医院 | 无 | 诊疗疾病 | 短 | 极少 | 无 |
| 健康中心工作人员 | 操作 | 健康中心 | 多 | 辅助体检 | 长 | 极少 | 完整操作 |
| 体检人员 | 检测 | 健康中心 | 无 | 体检身体 | 短 | 极少 | 无 |
| 调试人员 | 调试 | 不定 | 少 | 调试设备 | 短 | 不定 | 完整操作 |

观察用户使用中医四诊仪的行为,总结定格分析(snapshots)如表 3-11 所示。

表 3-11　定格分析

| | | | | | | | |
|---|---|---|---|---|---|---|---|
| 定格记录 | 调整座椅和中医四诊仪桌面的距离 | 患者趴在面诊仪上采集面象、舌象,偶尔抬下巴 | 患者脱下厚重的棉服,搭在腿上 | 助理帮助佩戴脉诊仪,寒冷使患者没有撸袖子 | 患者手臂平放在桌面,同时身体尽量放松 | 患者在面诊设备上进行问诊答题 | 医师打印诊断结果 |
| 行为意义 | 找到座椅并调整好与桌面距离能够提高采集数据的舒适性,以便诊断 | 较高患者趴下匹配面诊仪高度;由于面部不贴合面诊仪导致的漏进光问题和下巴托坚硬不舒适问题,患者需要时不时抬起下巴 | 由于观察时间在冬季,患者穿着较厚的棉衣不方便进行脉象数据采集,因此患者脱下外套 | 由于患者不了解设备如何使用,因此医师助理会帮助患者戴好脉诊仪,让患者手臂平放在桌面与心脏同高位置,同时身体尽量放松 | 患者手臂平放在桌面与心脏同高位置,同时身体尽量放松有利于脉诊数据的准确采集 | 由于座椅与问诊仪高度是固定的,所以较高的患者需要适当弯腰;金属的扶手冰冷,患者不愿触碰 | 在另一台设备上打印中医四诊仪分析的数据,通过打印机快速输出纸质版诊断结果 |

续表

| 需求分析 | 固定座椅的需求、座椅舒适性需求 | 人机尺寸可调节的舒适性需求、产品优化需求、面诊仪舒适度需求 | 患者衣物放置需求 | 操作引导需求和操作简易需求 | 操作引导需求和舒适性需求 | 问诊仪舒适度需求 | 打印便利性需求 |
|---|---|---|---|---|---|---|---|

### 3. 行为特征影响因素

通过对中医四诊仪用户的观察记录能够发现以下影响用户行为的因素。

（1）用户座椅位置影响医生和患者的行为。

（2）等待时长影响医师和患者的情绪。

（3）显示器朝向影响患者的情绪。

（4）面诊仪和问诊仪高度影响患者的坐姿。

（5）座椅舒适度影响患者活动频率。

（6）脉象采集形式影响操作复杂度。

（7）产品布局影响患者的诊断行为。

（8）产品一体化程度影响操作便利性。

（9）周边环境影响患者的情绪。

## （三）用户需求与设计方向

### 1. 用户需求分析

表 3-12 中对用户需求进行了汇总，这些需求分别来自医患行为观察总结的需求和用户访谈记录的需求。

表 3-12　用户需求汇总

| 提前开机 | 固定座椅 | 播放音乐 | 配色舒缓 | 放纵状态 | 质量可靠 | 方便操作 |
|---|---|---|---|---|---|---|
| 警报需求 | 方便维修 | 一体化 | 造型美观 | 良好散热 | 娱乐需求 | 加热需求 |
| 物品放置 | 移动便捷 | 方便互动 | 移动传输 | 产品耐用 | 准确采集 | 起身助力 |
| 诊断提示 | 完成提示 | 面部贴合 | 科技时尚 | 自助阅读 | 材质舒适 | 适应环境 |
| 稳定性 | 顺序引导 | 诊断快速 | 卫生性 | 调节高度 | 佩戴舒适 | 节省空间 |

### 2. 功能定义

在中医四诊仪产品设计实践阶段，首先确定各质量要素的实现层，如表 3-13 所示。选择用户需求重要度高的质量要素进行下一步设计实践。

表 3-13 质量要素实现层

| 序号 | 质量要素 | 实 现 层 | 序号 | 质量要素 | 实 现 层 |
|------|---------|---------|------|---------|---------|
| 1 | 提前开机 | 硬件层＋软件层 | 10 | 稳定性 | 硬件层 |
| 2 | 固定座椅 | 硬件层 | 11 | 放松态 | 硬件层 |
| 3 | 方便操作 | 硬件层 | 12 | 面部贴合 | 硬件层 |
| 4 | 方便维修 | 硬件层 | 13 | 准确采集 | 硬件层＋软件层 |
| 5 | 移动便捷 | 硬件层 | 14 | 材质舒适 | 硬件层 |
| 6 | 物品放置 | 硬件层 | 15 | 调节高度 | 硬件层 |
| 7 | 诊断快速 | 硬件层＋软件层 | 16 | 自助阅读 | 硬件层＋软件层 |
| 8 | 造型美观 | 硬件层 | 17 | 起身助力 | 硬件层 |
| 9 | 配色舒缓 | 硬件层 | 18 | 加热需求 | 硬件层 |

## （四）中医四诊仪产品造型设计方案

### 1. 整体布局设计

本环节先对中医四诊仪各模块构建出简单的几何概念模型,以患者座椅为中心展开中医四诊仪模块布局设计,由于问诊仪的使用方式是单独使用,因此问诊仪不进行布局设计。

经过对多种布局方式的整合优化,最终得出三种布局方式,如表 3-14 所示。布局图片中蓝色代表望诊设备;红色代表脉诊设备;黑色半透明代表显示器;绿色代表打印机;黄色代表键盘,土黄色代表可调节活动臂。

表 3-14 布局分析

| 布局编号 | 布局图片 | 布 局 描 述 |
|---------|---------|------------|
| 布局 1 | | 整体布局:围绕患者座椅为中心布局,座椅尺寸采用上文中分析得出的关键数值构建。<br>望诊设备:固定于操作台中心位置,能够通过活动臂调节高度和角度,优势是能够增加设备的稳定性,劣势是无法放置键盘。<br>脉诊设备:座椅扶手手腕寸关尺处。<br>显示器:固定于操作台中心位置,能够通过活动臂调节高度和角度。<br>打印机:位于操作台中间位置。<br>键盘:由于操作台中间位置不够,因此设置在操作台延伸一侧 |

续表

| 布局编号 | 布局图片 | 布局描述 |
|---|---|---|
| 布局2 |   | 整体布局：围绕患者座椅为中心布局,座椅尺寸采用上文中分析得出的关键数值构建。<br>望诊设备：固定于患者座椅后背位置,能够通过活动臂调节高度和角度。<br>脉诊设备：操作台靠近患者座椅一侧的延伸平面,高度接近扶手高度位置。<br>显示器：固定于操作台一边的中间位置,能够通过活动臂调节高度和角度。<br>打印机：位于操作台靠上位置。<br>键盘：位于操作台上 |
| 布局3 |   | 整体布局：围绕患者座椅为中心布局,座椅尺寸采用上文中分析得出的关键数值构建。<br>望诊设备：固定于患者座椅扶手一侧,通过活动臂调节高度和角度。<br>脉诊设备：座椅扶手手腕寸关尺处。<br>显示器：固定于操作台左前方一角,显示器与操作者和患者均呈45°角,能够通过活动臂调节高度和角度。<br>打印机：位于操作台顶部位置。<br>键盘：位于操作台上 |

针对以上不同部件的布局方式,选取10位专家从便利性、准确性、舒适性对不同布局方式进行打分,使用李克特五级量表(见图3-41)进行评价。

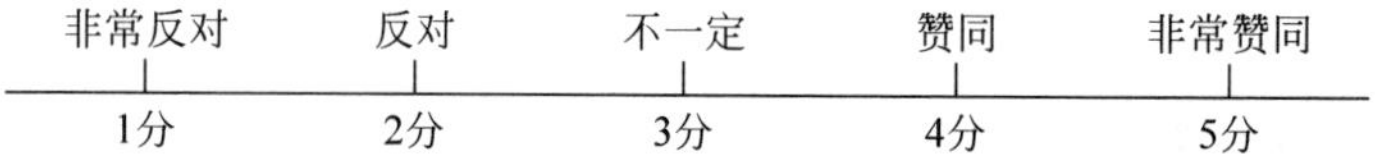

| 非常反对 | 反对 | 不一定 | 赞同 | 非常赞同 |
|---|---|---|---|---|
| 1分 | 2分 | 3分 | 4分 | 5分 |

图3-41 李克特五级量表

根据表3-15所示的专家评分结果可得知,布局3的综合评分最高,因此选用布局3进行下一步设计实践。

表 3-15　布局评分结果

| 布局编号 | 便利性 | 准确性 | 舒适性 | 综合评分 |
|---|---|---|---|---|
| 布局 1 | 3.9 | 4.2 | 4.4 | 12.5 |
| 布局 2 | 3.8 | 4.1 | 3.2 | 11.1 |
| 布局 3 | 4.3 | 4.4 | 4.6 | 13.3 |

2. 草图

以设计师的设计经验综合考虑产品生产工艺和加工难度,以及产品的生产成本,手绘中医四诊仪的产品设计草图,绘制过程中不断尝试不同的形式、风格,并根据不同的草图方案进一步发散思维(见图 3-42)。

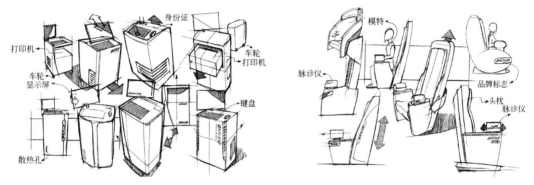

图 3-42　手绘设计草图

3. 草图细化

在进行反复的手绘与推敲后,选择出五款最优的草图方案,利用计算机进行设计草图的二维效果细化,二维效果如图 3-43 所示。

请专家从便利性、美观性、准确性和舒适性四个方面对五款方案进行评分。评分结果如表 3-16 所示。方案 a、b、d 的分数排在前三位,因此对这三款分数较高的方案进行 3D 建模与渲染。

表 3-16　细化草图评分结果

| 评分因素 | 便利性 | 美观性 | 准确性 | 舒适性 | 综合评分 |
|---|---|---|---|---|---|
| 方案 a | 3.3 | 3.9 | 4.1 | 3.4 | 14.7 |
| 方案 b | 3.8 | 4.2 | 4.3 | 3.7 | 16 |
| 方案 c | 3.5 | 3.9 | 3.6 | 3.4 | 14.4 |
| 方案 d | 4.1 | 4.4 | 4.1 | 4.3 | 16.9 |
| 方案 e | 3.6 | 3.5 | 3.2 | 3.8 | 14.1 |

4. 3D 建模与渲染

运用 Rhino 软件进行 3D 建模过程,为了保证以上文确定的人机尺寸为标准,在软件中导入男性(最大尺寸)和女性(最小尺寸)的标准人物模型进行建模,如图 3-44 所示。过程中不断调整,避免产品尺寸错误导致的人机不合理,也可以在建模过程中直接对人机进行验证。

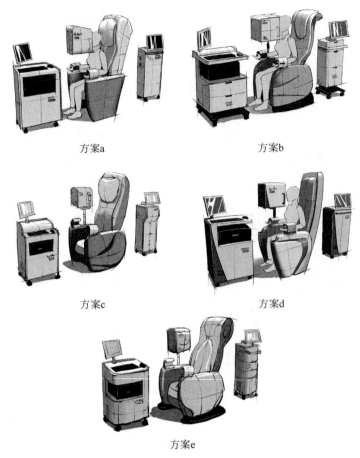

方案a          方案b

方案c          方案d

方案e

图 3-43　设计草图细化

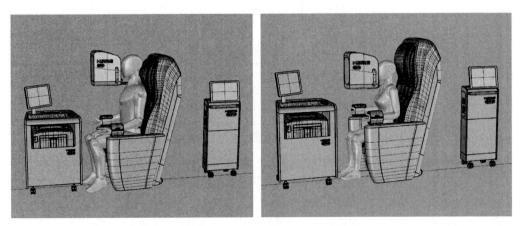

图 3-44　以标准人物模型进行建模

在产品渲染过程中,参考当前市场上优秀智能医疗产品的配色和材质搭配,通过不断尝试和参数调整,尽可能模拟出仿真效果,以便后期进行最终方案评价。三款方案的最终渲染效果如图 3-45～图 3-47 所示。

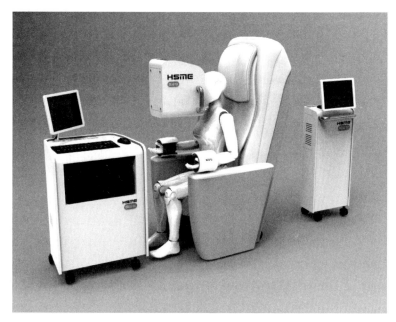

图 3-45　中医四诊仪方案 a 渲染图

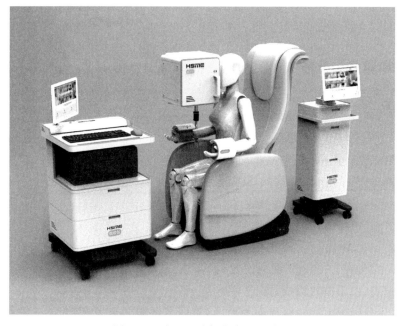

图 3-46　中医四诊仪方案 b 渲染图

图 3-47　中医四诊仪方案 d 渲染图

5. 最终方案选择

通过 3D 建模和渲染得到最终的三款方案效果图,随机选取 100 名中医四诊仪用户对三款设计方案进行选择,最终选择方案 a 的有 20 人,选择方案 b 的有 24 人,选择方案 d 的有 56 人,选择方案 d 的人数最多,因此将方案 d 作为最终方案。

## (五)中医四诊仪软件设计

1. 功能架构图

通过前期的调查了解到中医四诊仪多由医生操作计算机来进行诊断,因此操作界面选择的承载媒介为计算机显示屏,实现的主要功能有望闻问切诊断、诊断进度可视化、附加娱乐功能、输出打印诊断结果。考虑到用户的学习成本,要以操作简单、逻辑清晰、页面层级精简为原则对软件界面结构层进行设计,输出信息架构图。该操作系统的一级界面主要由用户登录、系统设置、诊断模式选择、诊断记录、娱乐模式组成,如图 3-48 所示。

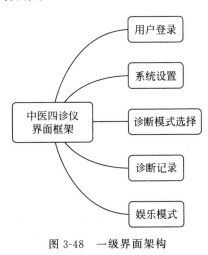

图 3-48　一级界面架构

后续的原型设计分别以不同一级界面为主干,对向下延伸出的二级界面、三级界面等进行设计,如图 3-49～图 3-53 所示。

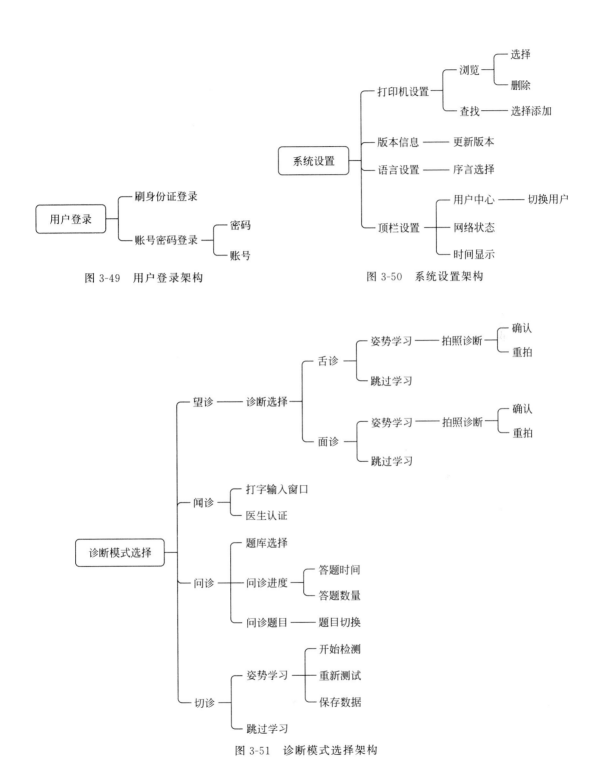

图 3-49 用户登录架构

图 3-50 系统设置架构

图 3-51 诊断模式选择架构

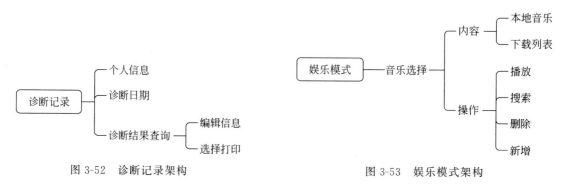

图 3-52 诊断记录架构          图 3-53 娱乐模式架构

### 2. 原型设计

中医四诊仪的操作系统大部分为功能性的任务,因此界面设计时需要区分主要功能和次要功能,考虑不同的使用场景,排除操作中可能存在的干扰元素。根据以上设计要求,操作界面的页面布局选用了选项卡式布局,底栏展示重要功能及重要信息,让界面层级更加清晰,提高用户在不同场景下切换功能的便利性,顶栏显示机器当前的运行状态,如网络、电源的连接状态等。最后,基于信息架构图分别对操作界面的主要功能进行原型设计(见图 3-54)。

图 3-54 操作界面原型设计

### 3. 视觉设计

经过前期的原型设计,设计团队已经搭建起完整的设计思路。在视觉设计阶段将通过界面规范、色彩搭配、画面设计、Logo 与图标设计等细节的优化,进一步帮助用户快速识别各功能之间的关联,引导用户正确操作,减少错误操作的可能,提升中医四诊仪的用户体验。

在中医四诊仪视觉设计过程中,始终遵循平面设计的原则,图标信息等元素不能随意摆放,页面中的相关元素必须存在视觉联系,提升视觉统一度,同时通过各种平面设计方法增强功能之间的对比,强化主要功能的视觉效果,让用户视觉层级清晰合理。图 3-55 展示的是"望诊"子功能中"舌诊"的视觉设计效果。

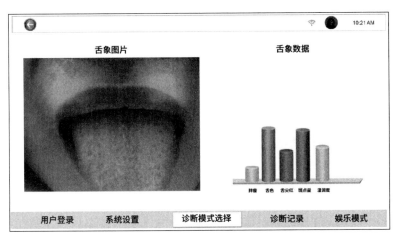

图 3-55　"舌诊"视觉设计

## （六）验证优化

1. 产品验证与评价

为了验证优化方案的可行性及用户的满意度,建立仿真事件进行中医四诊仪的验证。可以让中医四诊仪的典型用户重新体验完整的诊断流程,对操作者行为过程进行观察记录,并总结体验者反馈的不足,具体内容如下。

1）选择观察对象

为了让验证有对比性,选择前期经常使用中医四诊仪进行诊断的操作者和患者。

2）观察对象任务设定

使用新设计的座椅式中医四诊仪对患者进行诊断,过程中要求操作者先后完成中医四诊仪的所有诊断项目。

3）实验时间

由于中医诊断的最佳时间是上午,因此实验时间安排在上午九点到十点之间。

4）观察过程记录

操作者打开中医四诊仪;开机过程中请患者坐在中医四诊仪患者座位并引导患者手心向上放入扶手处的脉诊仪,转动面诊仪到患者面部位置,在患者诊断姿势调整的同时,中医四诊仪基本启动完成,此过程中操作者同时完成了开机、引导、调整面诊仪等多项任务。操作者打开中医四诊仪软件进行登录,随后在身份证识别处刷患者身份证进入该患者的信息系统,过程中患者保持坐姿等待,过程中情绪逐渐平稳。操作者点击脉诊仪诊断,在脉诊仪自动加压过程中打开面诊仪进行面象和舌象采集。诊断过程中脉象、舌象和面色采集同步进行,并先后完成诊断。最后,操作者引导患者到问诊仪位置,打开问诊仪并指导患者操作。待患者在问诊仪上答题完毕后,操作者在计算机上进行数据查看,确认无误后打印诊断报告。

5）患者反馈汇总

新设计的中医四诊仪人机体验提升非常明显,不需要再弯腰适应面诊仪的高度,过程中只需要保持自然的坐姿,舒适的诊断姿势缓解了等待的焦虑感。同步进行多项诊断使诊断速度明显更快。但是,脉诊仪接触皮肤部位冰凉,冬天诊断会降低体验舒适性,且舌、面诊仪下巴托接触人群太多,卫生状态有待提升。

6）操作者反馈汇总

同步进行多项诊断时诊断速度明显更快,不需要对患者进行太多引导,诊断模块移动方式更便捷,工作台面空间更大,不再有设备阻挡与患者间的视线,互动更加亲近,打印机位置优化使诊断报告打印更方便,软件的操作逻辑更加清晰,操作界面更加有条理,视觉也更美观。

2. 设计优化

根据用户反馈意见对中医四诊仪进一步优化。为了解决脉诊仪接触皮肤部位冰凉的问题,在保证不影响脉诊效果的前提下为脉诊仪袖套内部加入加热功能(见图3-56),接触手臂部位依旧使用柔软的类肤材质。为了优化面诊仪卫生问题,将面诊仪下巴托的柔软垫子设计为可更换结构(见图3-57)。

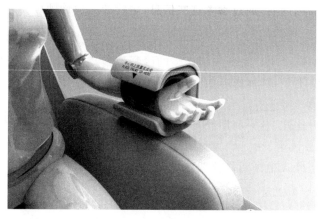

图 3-56　脉诊仪加热部位

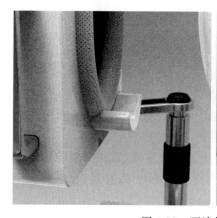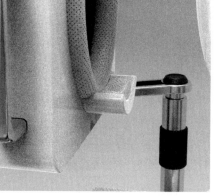

图 3-57　面诊仪下巴垫子更换

## ▶ 五、相关网站及信息链接

医疗器械设计专业委员会：该网站是中国医学电子和医学装备学会设立的医疗器械设计专业委员会,提供医疗器械设计的学术交流和技术指导。

Design for Health：该网站是一个面向医疗设计师和医疗保健专业人士的在线社区,提供医疗产品设计的最新动态、趋势和资源。

Medgadget：该网站是一个专注于医疗技术和医疗设备的新闻媒体,提供医疗产品设计的最新进展、技术革新和市场趋势。

FDA医疗器械设计指南：该网站是美国食品和药品管理局(FDA)发布的医疗器械设计指南,提供医疗产品设计的法规和标准。

Yanko Design：该网站是一个设计创意类的博客,提供医疗产品设计的创新思路和设计案例。

Behance：该网站是一个全球最大的创意设计社区,提供医疗产品设计师的作品展示和设计案例。

这些网站提供了医疗产品设计师所需的各种信息和资源,包括最新的技术趋势、市场需求和法规要求等方面的内容,通过参考这些信息,医疗产品设计师可以不断提升自身的设计水平,以更好地满足市场和用户的需求,提高产品的竞争力和市场份额。

### 思考题

1. 在这三个产品设计案例中,你最喜欢哪一个设计？说明原因。

2. 从用户的角度来看,你认为三个产品分别有哪些可以改进的地方？如何进一步提升用户体验和满意度？

3. 在设计这三个产品时,你觉得设计团队在哪些方面做出了重要的决策？这些决策如何影响了产品的功能、外观和性能？

4. 你认为这三个产品的市场潜力如何？如何将其推向市场并吸引目标用户？

5. 如果你是这三个产品的设计师,会在哪些方面进行改进或创新？有什么新的想法或建议？

# 第 四 章

# 优秀案例赏析

## ▌本章概述 ▌

本章以前三章内容为基础，对智能穿戴类、智能出行类、智能家居类、智能制造机器人、智能农业类、智能城市类的行业优秀设计作品、优秀设计师作品进行分类赏析。通过对大量优秀作品的赏析，为读者提供更丰富的学习素材，从而对前三章的内容有更深刻的认识。

## ▌学习目标 ▌

拓宽读者的设计视野，认识更多优秀设计公司、设计师，进而了解理论与实践的关系，寻找适合自己的设计风格、设计方式、设计方向，为后续深入学习奠定良好的基础。

## 第一节 智能穿戴类产品

### ▶ 一、行业优秀作品赏析

#### （一）Milo-The Action Communicator

**产品类型**：通信设备

**制造商**：Loose Cannon Systems,Inc. San Francisco,USA

**奖项**：Red dot winner 2022,Best of Best

**产品介绍**：骑自行车、冲浪、桨板冲浪或滑雪等户外运动会使长距离交流变得困难,尤其是在无法腾出双手使用其他辅助设备的情况下。对于这种情况,Milo 有一个简单的解决方案：一个小型的水滴形设备,可以在磁性夹的帮助下连接到衣服上,与其他设备配对以创建一个独立的网络,允许用户无须按下按钮即可进行通信。由于多路传输,人群可以实时进行自发的自然对话。这是通过复杂的音频处理算法实现的,每个 Milo 设备都结合了六个集成的数字麦克风和一个特殊的内置扬声器,即使在大风或嘈杂的条件下也能提供清晰的音频信号。若设备之间的距离超过1000 米,加密的 Milo Net 网状网络能进一步扩展此范围。该设备只需几个放置良好的按钮即可操作,如配对设备或激活静音功能。Milo 还可以根据需求与蓝牙耳机配对,防水且非常坚固(见图 4-1 和图 4-2)。

图 4-1 Milo-The Action Communicator(1)

图 4-2 Milo-The Action Communicator(2)

特点：Milo 展示了创新技术功能和简单操作的结合,改善了日常运动和生活通信,并使两者更加安全。Milo 是对讲机的成功诠释,其外观简约,功能简单而强大,使用直观且特性突出。

### （二）HP Reverb G2 Omnicept Edition

**产品类型**：虚拟现实耳机

**制造商**：HP Inc. Palo Alto,CA,USA

**奖项**：Red dot winner 2021,Best of Best

**产品介绍**：人类的情绪非常复杂,目前科技对其的模仿还只停留在浅层面。这种背景下,HP Reverb G2 Omnicept Edition 虚拟现实耳机（见图 4-3 和图 4-4）提供了一种新的识别方法。在开发过程中,增加了传感器来监测耳机佩戴者的心率、瞳孔大小、眼球运动和嘴巴表情。这些数据用于了解用户对虚拟内容的反应。因此,可以监控用户的认知负荷以及他们正在做出的表达。耳机配备 Omnicept 传感器和软件,使开发人员和企业能够了解用户的面部表情和对虚拟现实的反应。当用于训练时,可以准确地确定用户何时被信息淹没。当用于研究时,它可以看到内容对受试者心率的影响。当用于通信时,可以反映用户的面部表情,使虚拟现实通信看起来更加自然。这款耳机的设计将卓越的光学清晰度与轻便、可单独定制的贴合感相结合,佩戴舒适度高,适合长时间使用。

图 4-3　HP Reverb G2 Omnicept Edition(1)　　图 4-4　HP Reverb G2 Omnicept Edition(2)

**特点**：HP Reverb G2 Omnicept Edition 耳机的设计非常适合在虚拟现实环境中使用。具有匀称的形式语言,外观具有很强的吸引力。该产品还是一种用于监测情绪的创新设计,可生成高度逼真的图像和身临其境的声景。这款耳机非常轻便,为用户提供符合人体工程学的佩戴舒适感,可带来愉悦的感觉。

### （三）Magic Leap 2

**产品类型**：增强现实耳机

**制造商**：Magic Leap,Inc. Plantation,FL,USA

**奖项**：Red dot winner 2022,Best of Best

**产品介绍**：Magic Leap 2 增强现实耳机突破人类感知的界限,提供强效的视听体验。

"我们设计理念的核心是创造通过数字技术放大人类潜力的产品",这是设计师们对Magic Leap 2 的定义。这款增强现实耳机从用户的角度设计的,可以与融入物理世界的3D数字内容直接交互。作为一款小巧轻便的耳机,在应用中具有很高的通用性。系统由一个适应佩戴者头部的头戴式显示器、一个可穿戴计算单元和一个手持控制器组成。耳机上的集成传感器和摄像头可映射物理环境,特色"分段调光器"功能可提高内容在直射光下的可视性。外形的设计灵感来自眼镜,使其不具威胁性,使用起来也很令人熟悉。该产品可应用于各种企业工作场景,包括医疗保健、制造业、建筑业、工程、教育和培训等(见图 4-5 和图 4-6)。

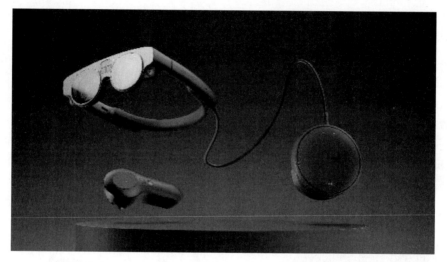

图 4-5　Magic Leap 2(1)

图 4-6　Magic Leap 2(2)

**特点**:Magic Leap 2 增强现实耳机以其优雅的外观给人留下深刻印象。它重量轻,穿着舒适,符合人体工程学,适合佩戴者的头部。它的设计灵感来自眼镜的形状因素,它将专业性和可访问性可视化。根据其创新技术,它扩大了增强现实在公司或培训领域的应用方式。

## （四）DVXplorer

**产品类型**：神经形态相机

**制造商**：iniVation，Zurich，Switzerland

**奖项**：Red dot winner 2022，Best of Best

图 4-7　DVXplorer

**产品介绍**：人类的视觉是独一无二的，因为人类能够感知世界的复杂性，并在几分之一秒内从源源不断的感官输入中过滤和处理重要信息，该能力的模拟实现是 DVXplorer 神经形态相机的技术基础（见图 4-7）。DVXplorer 动态视觉处理系统的特点是反应时间极快，不到一毫秒，动态范围高，功耗低。这是通过开发动态视觉平台实现的，该平台是以专利视觉传感器芯片为中心的硬件和软件组合。芯片复制了人类视网膜的关键部分——神经形态像素设计，对像素级的光线变化做出反应，并以微秒级的时间分辨率传输图像。因此，DVXplorer 提供了每秒数千张图像的高速相机的性能，但产生的数据要少得多，因为很大一部分数据处理已经在传感器内进行。增强现实应用、自动驾驶辅助系统和工业机器人都需要这种实时反应。DVXplorer 还可用于手势识别、符合数据保护、节能监控，以及条形码和其他运动物体的快速跟踪。

**特点**：DVXplorer 神经形态相机采用了开创性的、可大规模生产的动态图像处理技术，使其比传统相机系统更快、更高效，将功能的复杂性与极其紧凑的尺寸和极简主义的设计相结合。

## （五）GoZero 智能水瓶

**产品类型**：智能水袋瓶

**制造商**：飞利浦

**奖项**：Red dot winner 2021，Best of Best

**产品介绍**：人们每天都需要大量饮水，该产品希望用户在旅途中、工作中高度便利地享受自己水瓶里的水。飞利浦 GoZero 智能水瓶（见图 4-8）的创新设计解决了水瓶中的水过一段时间会变味甚至发臭的问题。这款水瓶的瓶盖采用内置 UV-C LED 技术，可消除 99.999％ 的细菌。瓶子像便携式净水器一样工作，可以杀死水中产生气味的细菌。UV-C LED 灯每两小时自动启动一次，锂电池集成在电池盖中，使用寿命长达一个月，可以通过磁性 USB 电缆轻松充电。这样可以使饮用瓶中的水始终保持新鲜和纯净的口感，用户可以在任何时候放心地享用自己的水，而不是使用一次性塑料瓶产生浪费。这款水瓶外观线条流畅，由包括不锈钢在内的优质材料制成。此外，外部的特殊粉末涂层使其具有舒适的抓握感和触感。超宽的橡胶

图 4-8　GoZero 智能水瓶

手柄使其成为时尚的配件,便于携带。

**特点**:智能功能赋予这款水瓶亮点。瓶盖内置的 UV-C LED 技术可以长时间保持水的新鲜,并防止产生气味。该设计为可持续发展做出了贡献,因为其取消了一次性塑料瓶的使用。瓶子的形状清晰优雅,很容易适应用户的生活方式。

### （六）Phonak Virto Marvel Black

**产品类型**:耳内式智能助听器

**制造商**:Sonova AG,Stäfa,Switzerland

**奖项**:Red dot winner 2021,Best of Best

**产品介绍**:世界上 5% 的人口患有听力损失或某种形式的听力障碍,根据平均数据,听力受损的人要等七年才能得到治疗。尽管技术取得了巨大进步,越来越多的研究也将未经治疗的听力损伤与健康状况联系起来,但助听器仍然被许多人排斥。Phonak Virto Marvel Black 助听器(见图 4-9 和图 4-10)基于上述背景进行开发,专为 18~56 岁年龄段的目标群体设计,模糊助听器和耳机之间的界限。其目标是通过结合无线耳机外观,将助听器重新定义为高科技设备。该设计融合了优雅纤细的外形和创新的助听器技术,满足严重听力损失用户的需求。通过蓝牙与 iOS、Android 和其他设备的无线连接,适用于免提通话或听音乐。用户一打开辅助设备,该设备就可以提供清晰完整的声音体验,即使在嘈杂的环境中,也可以毫不费力地跟踪对话。

 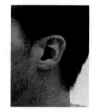

图 4-9　Phonak Virto Marvel Black(1)　　　　图 4-10　Phonak Virto Marvel Black(2)

**特点**:Phonak Virto Marvel Black 展现了时尚简洁的形式语言,将入耳式助听器的功能和性能与现代入耳式耳机的美学相结合,使佩戴者可以享受创新技术,体验焕然一新的生活感。此外,助听器还可以轻松连接到 iOS、Android 和其他支持蓝牙的设备。

## ▶ 二、优秀设计师作品赏析

### （一）Jony Ive 与 Apple Watch Series 7

**设计师简介**:Jony Ive,是一位英国籍的设计师,曾长期担任苹果公司的首席设计官兼资深副总裁。他 1992 年加入苹果,一直以多产和注重细节闻名。他推出的产品包括糖果色的 iMacs(1998)、iPod(2001)、iPhone(2007)及 iPad(2010)等。不俗的设计帮助他赢得了无数设计大奖,并被女王伊丽莎白二世赋予了新名字:Sir Jonathan。

**作品**：Apple Watch Series 7 智能手表

2014 年，Jony Ive 在苹果公司所设计的 Apple Watch 已经延伸到 Apple Watch Series(见图 4-11)，Apple Watch Series 7 是 iPhone 的完美补充，该产品获得 2022 年红点奖。该产品的现代美学、便捷的操作和扩展的功能范围在许多细节上给人留下了深刻印象。更大的显示屏进一步增强用户体验，所有内容都更易于阅读和使用。其设计难点在于扩大了显示屏的尺寸但几乎不扩大手表本身尺寸，显示屏折射边界减少了 40%，屏幕面积比前代机型更大。手表表面和应用程序为全尺寸显示，乎可以无缝集成到铝制外壳中。系统按钮经过重新设计，使计算

图 4-11　Apple Watch Series 7

器和秒表等应用程序更易于使用。Retina 显示屏在室内的亮度为 70%，并且一直保持亮起状态，因此用户不需要抬起手腕或触摸显示器来唤醒手表。该产品具备测试的检测健康和身心健康的配套工具，包括电动心脏传感器和心电图应用程序，以及血氧传感器。

**特点**：自 2015 年推出第一款 Apple Watch 以来，苹果公司多次成功地在设计和技术上提升智能手表的配套功能，并通过设计精良和制造精良的型号不断改善用户体验。

## （二）Yves Béhar 与 UP 健康追踪设备

**设计师简介**：Yves Béhar 为"多领域设计师"，曾获奖无数，其设计理念是通过想法和内容而不是形式建立情感，致力于和人们通过有意义的对话，在设计策略和方向上达成一致的设计。其主题是未来，从他为东芝设计的红色手提电脑到典雅的 Birkenstock Footprints 凉鞋，再到优雅的 Aliph Jawbone 手机耳机，都可以看到这一点。Yves Béhar 说："我相信设计的目的不只是为我们展示未来，而是把我们带到未来。"

**作品**：UP 健康追踪设备

UP 健康追踪设备由 Yves Béhar 领导的工业设计公司 Fuseproject 设计(见图 4-12 和图 4-13)，2011 年首次推出，目前已更新到 UP24 型号。UP 是一种轻便的手环，可以通过智能手机应用程序跟踪用户的活动、睡眠和饮食。其设计外观、功能、应用程序和电池都具有突出特色。

图 4-12　UP 健康追踪设备(1)

设计上,UP采用简约、流畅的设计,外形美观,适合任何场合穿戴,手环由一个柔软的橡胶材料制成,可以适应不同尺寸的手腕。手环提供了几种颜色和纹理,以适应不同的审美偏好。

功能上,UP可以跟踪用户的步数、跑步、骑车等运动情况,同时可以跟踪用户的睡眠质量和时长,可以帮助用户追踪他们的饮食习惯,通过拍照记录饮食内容,分析热量摄入和饮食成分,还提供了振动提醒功能,在用户久坐时提醒他们进行活动。

UP应用程序是与手环配套的应用程序,可用于智能手机和平板电脑。应用程序具有友好的界面,让用户可以轻松地查看他们的数据,设置目标和挑战,与朋友分享他们的成就。应用程序还可以提供个性化的建议和建议,以帮助用户更好地管理自己的健康。

UP手环采用可充电电池,使用时间长达10天,这使得产品不仅环保,还比其他健康追踪设备更方便。

图4-13　UP健康追踪设备(2)

**特点**：Yves Béhar设计的UP手环是一个功能齐全、设计美观的健康追踪设备,为用户提供了一个更全面的健康管理方案。

### （三）杨明洁与Cassia

**设计师简介**：杨明洁,YANG DESIGN及羊舍创始人,福布斯中国最具影响力工业设计师,同济大学客座教授。他的设计融合了德意志逻辑思考与中国人文精神的设计理念,设计项目包含生活时尚、家居电器、交通工具、空间装置等多个领域,一直致力于对于社会责任的思考与践行。他说："设计应该带来正面的社会启迪意义"。

图4-14　Cassia

**作品**：Cassia空巢老人智能穿戴设备路由器与呼叫器

Cassia是一款空巢老人智能穿戴设备路由器与呼叫器(见图4-14),当老人跌倒时,它会在一定时间自动报警,或者按下按键发出呼救,以此得到快速营救,避免生命危险。这款产品连续斩获2017年CES Inno-vation Awards Monoree和2016年Best of CES奖项,并凭借此核心产品获得1027万美元B轮融资。

**特点**：Cassis 是世界上首款智能蓝牙路由器及可穿戴设备，无论从功能还是创意的角度来说都具有开创性。

## 第二节　智能出行类产品

### ▶ 一、行业优秀作品赏析

#### （一）UNIX 出行行李箱

**产品类型**：行李箱

**制造商**：Samsonite Brands Private Limited，Singapore

**设计师**：Henry Seungyun Yang

**奖项**：Red dot winner 2022，Best of Best

**产品介绍**：UNIX 出行行李箱（见图 4-15）系列突出坚固的聚碳酸酯拉丝金属外观，采用通用的设计方法，平衡优雅与现代审美，并引入了几个创新的功能概念，重点对包装体积和效率进行改良。该产品用一个扩展器取代中心拉链以增加体积，以便装更大的行李，如笨重的运动器材、头盔等。行李箱巧妙地从顶部的平开口进入内部，以配置了由回收 PET 织物制成的各种独立（拉链）口袋。该产品首次将 Aero trac 悬挂轮与制动

图 4-15　UNIX 出行行李箱

系统结合在一起，噪音和振动减少且更易于操作。此外，在行李箱很重的情况下也很容易停住，刹车是通过顶部的控制面板触发的，这个按钮也被应用到无缝集成的金属条中。该产品拥有圆滑的线条，拥有极简主义的整体外观。

**特点**：UNIX 出行行李箱通过将美学与高功能结合在一起，通过车轮和制动系统的创新组合来实现。高品质不仅美观，行李箱使用舒适，同时坚固的材料让旅行具有更好的使用体验。

#### （二）Spectral 125

**产品类型**：越野车

**制造商**：Canyon Bicycles GmbH，Koblenz，Germany

**设计师**：Sebastian Hahn，Peter Kettenring，Christian Hellmann

**奖项**：Red dot winner 2022，Best of Best

**产品介绍**：Spectral 125（见图 4-16）是一款专为骑越野车上路的用户设计的车型，能够满足用户追求乐趣的需求。它具备卓越的攀爬能力，在崎岖的地形和陡峭的下坡中表现出色，同时具备高度的敏捷性、轻便性和机动性。Spectral 125 在人体工程学、控制和性能方面进行了精心设计，实现了完美平衡的整体。这款车型延续了公司的极简主义和功能主义理念，其引人注目的设计语言使其独具特色。相比同类产品，Spectral 125 更加轻盈和快速，采

用超薄的碳框架,通过优化的碳层和增加的悬架,成功减轻了100克的重量。这不仅提高了车辆的稳定性和响应性,还支持了更加有趣的骑行风格。Spectral 125的外观设计简洁而大方,视觉线条从后方沿座椅停留并冲击至前方,使车辆看起来长而低矮。清晰的轮廓和线条突出了车辆结构的精准性,而下管、座架和链条上的保护装置不仅提供了可靠性,还展现了不显眼的优雅。Spectral 125是一款注重性能和设计的迷人车型,它将带给骑越野车上路的用户无尽的乐趣和刺激体验。

图 4-16　Spectral 125

**特点**：Spectral 125是一款优雅细致的越野自行车,其框架几何形状展现出卓越的敏捷性和机动性。采用特别设计的轻盈稳定框架和材料组合,满足了目标用户对复杂性能的需求。这款车轻巧而稳定,适应各种地形,可提供出色的操控性和乐趣。

### （三）Plaza＋

**产品类型**：折叠式婴儿推车

**制造商**：Maxi-Cosi,Helmond,Netherlands

**设计师**：Dorel Juvenile

**奖项**：Red dot winner 2022,Best of Best

**产品介绍**：婴儿车是家庭生活中的必备品,Plaza＋(见图4-17)的设计包含了浅层和深层两种设计想法,让这款婴儿车的和同类产品有了本质区别。用户一眼就能看到的浅层,比如外观、舒适度和细节。深层则是在实际使用中才会显现出来的方面,比如快捷使用功能,这层功能设计旨在让每个家庭生活更轻松。该产品适合刚出生的孩子,能给宝宝一个舒适和平稳的推行感觉。婴儿车座椅柔软、宽敞,无论婴儿躺着还是坐着,都是安全舒适的。该产品配备四轮悬架、减震器和大型防刺轮,即使在颠簸的道路上也能平稳行驶。三合一旅行系统的设计是产品的亮点,Plaza＋与所有的Maxi-Cosi婴儿背带兼容,可以轻松地在婴儿车、婴儿

图 4-17　Plaza＋

背带或座椅之间切换。产品折叠和展开也非常容易,可以一只手快速操作,这种灵活性为父母在各类生活场景中减去了很多不便。

**特点**：创新的框架结构使广场 Plaza＋婴儿车使用舒适直观。在对目标群体的需求进行了深入的研究后，明确考虑了目标群体的生活现实。简单的折叠机制和快速切换支持父母在日常生活中便捷使用。

### （四）Philips Fresh Air Mask Lite

**产品类型**：出行口罩
**制造商**：Philips，Eindhoven，Netherlands
**设计师**：Philips Experience Design，Eindhoven，Netherlands
**奖项**：Red dot winner 2022，Best of Best
**产品介绍**：由于空气污染加剧，人们常常佩戴口罩，但长时间佩戴口罩会使呼吸困难。为此，Philips Fresh Air Mask Lite 集成了的空气循环系统（见图 4-18），基于以用户为中心的设计方法，旨在通过创新积极影响人们生活。该产品由可重复使用的口罩、一个可更换的过滤器和一个可充电的微型 USB 风扇模块组成。电动风扇不断循环新鲜空气，确保使用者轻松地呼吸。风扇模块也很安静，使用舒适，和谐地融入口罩的整体设计。第一次使用时，过滤器的效率为 95％。口罩由网状材料制成，佩戴起来非常舒适，它紧贴在脸上，在下巴周围形成一个 V 字形，该设计让口罩不会干扰佩戴者的面部表情。它带给面部压力很小，因为它将压力均匀地分布在鼻子、脸颊和耳朵上。可更换的过滤器不仅使口罩可持续使用，还能减少异味的产生。该产品对眼镜佩戴者也很友好，可以防止镜片起雾。

图 4-18　Philips Fresh Air Mask Lite

**特点**：Philips Fresh Air Mask Lite 横向集成风扇模块和易于更换的过滤器为亮点，可提高呼吸舒适性。该口罩设计谨慎，在不妨碍佩戴者面部表情的情况下，使佩戴舒适性达到最佳，外观时尚且贴合脸部。

## ▶ 二、优秀设计师作品赏析

### （一）佐藤大 Oki Sato

**设计师简介**：1977 年出生于加拿大多伦多，2000 年早稻田大学建筑学系毕业，2002 年早稻田大学建筑系研究所毕业，同年成立 Nendo 设计公司。

**作品**：自带伞套的雨伞和 Stay-Brella 雨伞

为了解决雨伞保护和存放的问题，设计师佐藤大创造了一款自带伞套和支架的雨伞（见图 4-19 和图 4-20）。这款雨伞分为两个部分，每个部分有不同的功能。第一个部分用于控制雨伞的合拢和展开，让用户方便地使用雨伞。这部分通常包括伞把和伞架等雨伞的基本组件。第二个部分则是专门设计的伞套,用于收纳和保护雨伞。用户可以将伞套放入这个部分,避免雨伞在存放时混乱或丢失。伞套的作用是防止雨伞滴水弄脏环境,也可以起到保护雨伞的作用。在公共场合,一些细致的餐厅或商店可能提供雨伞存放处,或者为顾客提供一次性塑料袋来放置雨伞,以免弄脏环境。而自带伞套的雨伞则解决了这个问题,使得雨伞的存放更加整齐方便,同时也符合环保的理念。通过佐藤大设计的自带伞套雨伞,用户可以轻松地控制雨伞的合拢和展开,并在需要时将雨伞套入伞套中,方便携带和保护。这种设计不仅解决了雨伞存放的问题,还提供了环保和整洁的解决方案。

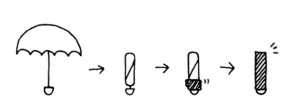

图 4-19　自带伞套的雨伞手稿

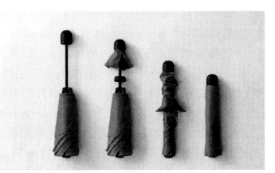

图 4-20　自带伞套的雨伞实物图

　　第二款代表作品便是可站立雨伞 Stay-Brella(见图 4-21 和图 4-22)。雨伞还有一个烦恼就是很难被靠在墙边,于是 Nendo 将伞把设计成一个开口状的半三角形,这样就可以很容易被立在墙边,也可以挂在桌角。

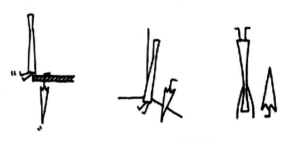

图 4-21　Stay-Brella 的手稿

图 4-22　Stay-Brella 的实物图

## （二）路易吉·克拉尼

**设计师简介**：德国著名工业设计师,因为设计了很多造型独特的产品,被称为"21世纪达·芬奇",也被称为"设计怪杰"。早年在柏林学习雕塑,后到巴黎学习空气动力学,1953年在美国加州负责新材料项目。

**作品**：新概念跑车和克拉尼小型房车

新概念跑车目标时速可达600千米,车身长5.5米、宽2.2米,设计将仿生学与空气动力学相结合,保证其在高速行驶下与地面紧密贴合(见图4-23)。

图4-23　新概念跑车

克拉尼小型房车外观设计由克拉尼大师亲自领衔,延续了克拉尼超级房车的经典外形,带有强烈的克拉尼设计主义特色,将艺术、技术、哲学三位一体的自然设计观完美体现于房车设计,体现了"自然是伟大的设计师""敢为自然先"的先进设计理念(见图4-24)。

图4-24　克拉尼小型房车

## 第三节　智能家居类产品

### ▶ 一、行业优秀作品赏析

#### （一）BOSCH PAI Projection And Interaction

**产品类型**：智能厨房投影仪

**制造商**：Robert Bosch Hausgeräte GmbH，Munich，Germany

**设计师**：Iconmobile GmbH

**奖项**：Red dot winner 2020，Best of Best

**产品介绍**：智能家居概念使数字媒体能够更好地融入人们的日常生活，通过创造新的互动和体验场景来丰富现有的生活环境。该产品专为满足用户需求和偏好而设计，提供高度的功能和用户舒适度。这款智能厨房投影机可以安装在厨房壁柜下方或直接安装在墙上（见图4-25），通过投射一个成熟的图形用户界面（GUI）将厨房台面变为智能显示器。这种投影技术的优势在于它能够在烹饪和烘焙过程中，即使手指潮湿或带有食物残渣，仍能轻松进行点击和滑动操作。该产品为用户提供了选择，让他们在烹饪过程中轻松访问他们最喜欢的应用程序和数字服务，并从新的食谱中获得灵感。该产品还经过特殊设计，适应了厨房环境中的特殊条件，如湿度增加和油溅。因此，它成为一款非常实用的智能厨房助手，为用户提供全新的数字厨房体验。

图 4-25　BOSCH PAI Projection And Interaction

**特点**：这款智能厨房投影机能够激发全新的交互方式，并将数字媒体广泛融入厨房工作区中。该产品既优雅又易于清洁，非常适合放置在厨房柜台环境中。与受众熟悉的界面相比,该产品拥有更大的屏幕,操作方便且易于使用,具备广泛、灵活和多功能应用的可能性。

### （二）Siri Remote

**产品类型**：遥控器

**制造商**：Apple,Cupertino,USA

**奖项**：Red dot winner 2022,Best of Best

**产品介绍**：新的 Siri Remote(见图 4-26)是专门为 Apple TV 的浏览体验而设计的。它采用一体式外壳,使用再生铝制成,提供舒适的握持感。这款遥控器异常纤薄且平衡性良好,以其精确和高质量的工艺以及高对比度的控件设计给人留下深刻印象。遥控器正面布局清晰,包含了打开、静音和音量控制按钮,以确保用户的操作,并进一步提升电视观看的乐趣。除此之外,创新的点击板经过特别工艺融合了精确的五向导航控制,外圈支持直观的圆形手势,用于快进或快退,而触摸表面则可轻松快速滑动播放列表或单击单个标题。在苹果语音识别软件和智能助手 Siri 的支持下,用户只需使用语音即可轻松找到他们想看的内容。遥控器配有 Siri 麦克风、红外发射器和 Lightning 连接器。与 iPhone 类似,也可以通过侧面的按钮控制Siri,只需按动按钮,智能助手即可立即使用。

图 4-26　Siri Remote

**特点**：Siri Remote 的设计秉承用户友好性和极简主义美学的原则。它巧妙地将操作元件与智能助手的功能相结合,多模式互动的设计使产品更加美观且更具有前瞻性。

### （三）Philips Avent Night Owl

**产品类型**：可视婴儿电话

**制造商**：Philips,Eindhoven,Netherlands

**奖项**：Red dot winner 2022,Best of Best

**产品介绍**：可视婴儿电话的设计在提升父母的安全感方面起着关键作用。Philips Avent Night Owl 作为一款配备全高清摄像头的现代可视婴儿电话(见图 4-27),让父母能够与婴儿或幼儿进行互动,并在任何地方都能感到安全。该系统以其形式连贯的设计为特点,由婴儿单元和父母单元组成,与当代生活环境非常契合,并具有友好的和标志性的设计语言。其中一个特别功能是婴儿单元的数据可以通过智能手机上的应用程序访问。飞利浦安全连接系统用多个加密通道,从婴儿单元到父母单元以及应用程序之间建立稳定安全的专用连接。婴儿单元配备全高清摄像头,包括夜视和数码变焦功能,可在白天和黑夜提供清晰的图像。父母单元在家中的射程可达 400 米,通过附带的应用程序,可以通过移动互联网或 Wi-Fi 保持与婴儿单元的持续连接。该作品设计的核心理念是飞利浦生态设计概念,旨在提高用户的能源效率。此外,它也反映了年轻父母的可持续意识和"绿色育儿"理念。

图 4-27　Philips Avent Night Owl

**特点**：这款可视婴儿电话具有出色的设计质量，以在任何室内环境都适合的外观脱颖而出。此外，该设备提供了高度直观的使用方式，使用户能够随时明确地了解其功能。另一个便利之处是它可以通过智能手机进行安全监控，用户可以轻松地通过应用程序进行设置。

### （四）Gira System 106 flush-mounted

**产品类型**：家庭对讲系统

**制造商**：Gira Giersiepen GmbH & Co. KG，Radevormwald，Germany

**设计师**：产品设计泰瑟罗＋合伙人，波茨坦，德国

**奖项**：Red dot winner 2022，Best of Best

**产品介绍**：Gira System 106 flush-mounted（见图 4-28）是一款家庭对讲系统，集门铃、摄像头和对讲机功能于一体，其特点在于可以提供可靠的安全保护。这款设备拥有优雅的

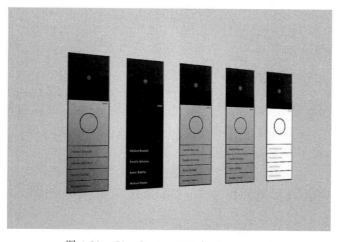

图 4-28　Gira System 106 flush-mounted

外观,将现代技术与设计相结合,其构思使其可以与房屋外墙完美融合。在开发过程中,考虑到了 DIN 18015 的高要求,该要求以完整的建筑外围结构为前提,以应对能源消耗,并要求在无热桥的情况下进行气密安装。该设备的暗装版本可满足各种高标准的要求,即使在使用复合隔热系统的情况下,也能无缝地安装在房屋外墙上。它提供多种不同的饰面选择,如拉丝不锈钢、铝、哑光或闪亮青铜,并具有模块化设计的高科技门对讲系统,可实现个性化配置和垂直或水平安装,能够灵活地满足各种功能需求。

**特点:**这款家庭对讲系统以其低调的外观给人留下深刻印象,它与建筑立面完美融合,通过材料的质量和模块安装的灵活性,完全满足了便利性和安全性的需求。

## ▶ 二、优秀设计师作品赏析

### (一)深泽直人

**设计师简介:**深泽直人是日本多摩美术大学教授,MUJI 设计主顾问,以及±0 品牌的创始人。他曾为苹果、三宅一生、东芝、日立等公司设计过产品,并获得了五十多个世界顶级设计大奖,如美国 IDEA 金奖、德国 IF 金奖、红点设计奖等。他最著名的设计理念是"无意识(without thought)"。这个概念是指人们下意识中的动作和行为,他认为这些行为最符合人类最自然的欲望,透露出最直接的需求。他认为设计师应该捕捉到这些瞬间,并将其转化为实际的产品,将无意识的行为变为可见的物体。他强调设计师在为用户设计产品时,需要思考物品之间的关联性,并将更多的注意力放在产品与环境之间的和谐上。深泽直人的设计理念强调简洁、自然和功能性,他追求产品与用户之间的直接互动,并将设计与日常生活紧密结合。他的作品体现了对细节的关注和对用户体验的追求,为现代设计带来了独特而深远的影响。

**作品:**MUJI 壁挂式 CD 机

MUJI 壁挂式 CD 机(见图 4-29)是深泽直人的代表作品之一。当用户拉下机身上的线时,CD 就会开始旋转,音乐会如飘风一般弥漫整个空间,仿佛突然间吹来的凉风或弥漫屋子的柔和灯光。深泽直人利用了人们的"通感",将这款 CD 机与许多其他物品巧妙地联系在一起,创造出一种独特的体验。这种设计引发了人们的感官联想,使音乐、风和光线交织在一起,为用户带来愉悦的感受。

带托盘的台灯(见图 4-30)让人们想象到一个场景:疲惫地回到家,放下钥匙后,顺手打开台灯。这款台灯的设计巧妙地捕捉到这一细节,将底座设计成一个盘子的形状,人们可以随意地将钥匙放入盘子中,台灯会自动亮起来。当人们准备离开家时,取走钥匙的同时,台灯会自动熄灭,这样台灯成了一天的结束和新一天的开始。这样的设计将功能性和便捷性相结合,为用户创造了一个简单而愉悦的体验。通过将钥匙与台灯的操作相连接,台灯成了日常生活的一部分,提供了方便的储物功能和灯光控制,使用户能够轻松地管理钥匙并享受温暖的灯光。这种设计思路强调了用户的日常体验和对细节的关注,为家居生活增添了一份舒适和便利。

图 4-29　MUJI 壁挂式 CD 机

图 4-30　带托盘的台灯

　　深泽直人认为经过刻意安排的设计容易产生违和感。他指出,设计与时尚不同,时尚有时候需要刻意制造违和感,以提供给消费者感官上的刺激。而设计虽然也是一种潮流趋势,但它不应该刻意制造违和感。深泽直人警惕这种"和感",他希望当用户看到设计作品时,能够发出"啊,这就是我想要的!"的赞叹。他认为一个好的产品设计师就像家庭生活中的机器人管家一样,冷静地观察并提供最直接、最无微不至的照料。对于深泽直人来说,设计的目标是寻找意识的核心。当人与物品、环境之间达到完美的和谐时,就找到了意识的核心。他追求的是让设计与人的需求和环境之间实现无缝衔接,创造出与用户心灵契合的产品和体验。通过寻找和谐与平衡,设计能够满足人们的真实需求,引发共鸣,并让人们感到满足和愉悦。

### （二）室内设计师张弦

**设计师简介**：张弦,九溪原筑空间设计研究室的设计总监。他在设计领域具有广泛的经验,专注于别墅和公寓的全案落地设计,代表作品包括与施耐德电气智码家居联手创作的"寸草春晖"等。他独特地将室内设计和工业产品设计融合在一起。其设计理念倡导东方人居美学,注重建筑与室内之间的协调关系。他致力于光线和空间的二次互动,创造出温暖且感动人的自然空间。他的作品注重细节和氛围的营造,追求自然、温馨的设计风格。他的设计获得了广泛的认可,其中包括他设计的智能家居产品系列"寸草春晖"获得了 2022 年 ID 智能家居设计奖。张弦的设计旨在为人们打造具有温度和情感的室内空间,营造与自然和谐共生的环境。

**作品**："寸草春晖"智能门锁及电气智能开关

图 4-31 和图 4-32 是智能家居产品系列"寸草春晖"中的智能门锁及电气智能开关,通过精心的设计与打造,产品实现了智能化与便利性。

图 4-31　智能门锁

图 4-32　电气智能开关

# 第四节 智能制造机器人类产品

## ▶ 一、行业优秀作品赏析

### （一）WYZO

**产品类型**：协作机器人

**制造商**：Ecublens

**奖项**：Red dot winner 2022，Best of Best

**产品介绍**：WYZO 机器人是一款具有拾取和放置功能的协作机器人产品（见图 4-33～图 4-35）。它展现了机器人结构多样性的趋势，未来将有更多种类的机器人组合出现。该机器人采用类似人类手臂的结构，整体设计复杂，但其最大优势在于稳定且快速的抓取能力，具有更高的移动稳定性，无须频繁重置坐标，避免了抓取位置逐渐偏移的问题。

图 4-33　WYZO(1)　　　　　　　　图 4-34　WYZO(2)

图 4-35　WYZO(3)

**特点**：WYZO 将近身工作的能力与工业机器人的速度相结合。作为一款高速拾取和放置的协作机器人，它配备了经过认证的检测系统。通过消除典型的安全屏障，这款无栅栏机器人使机器人的工作环境更加人性化。与市场上最紧凑的拾取和放置机器人相比，WYZO 的尺寸减小了六倍，然而，这并不影响其性能和速度，从而解决了当前所有协作机器人面临的最大问题。

## （二）RIZON 10

**产品类型**：协作机器人

**制造商**：Shanghai Fulai Difu Robot Technology Co.，Ltd.，Shanghai，China

**奖项**：Red dot winner 2022，Best of Best

**产品介绍**：RIZON 10 是一款协作机器人（见图 4-36），将工业级的力控系统与计算机视觉和人工智能技术相结合，实现了"手眼"协调，能够自动执行复杂任务。与传统工业机器人不同，RIZON 10 在外观设计上进行了优化，不再是充满螺丝钉和尖角的形态，采用了圆润的铝合金表面，配合人工智能的加持，呈现出未来感十足的外观。此外，RIZON 10 还支持部署数据转移，可以将相似的部署配置批量复制到新的机器人上，极大地简化了机器人产线的部署过程。

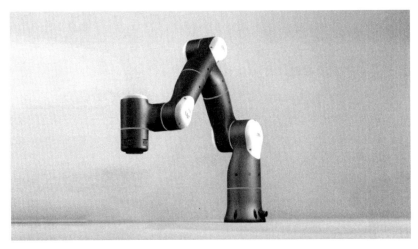

图 4-36　RIZON 10

**特点**：RIZON 10 的以下特点，展现了对操作对象、操作环境和操作任务的自适应能力：第一，高误差容忍度，RIZON 10 具备高精度的力控能力和先进的人工智能技术，能够像人一样进行"手眼配合"，通过补偿误差来确保机器人完成工作，具备适应性强的操作能力，能够自动适应不同的操作对象；第二，强抗干扰能力，RIZON 10 通过像人一样的"条件反射"，能够抵消或顺应干扰，完成工作任务，相比过去的机器人，它更适应不确定的生产环境，能够应对各种干扰因素，保持稳定的操作表现；第三，智能可迁移，RIZON 10 能够记住基于力的条件反射元动作，通过简易配置即可处理大量相似但不完全相同的工作任务，能够解决过去生产线上高部署成本的难题，如在同一生产线上装配外形不同但装配手法相近的零件。RIZON 10 展现了智能可迁移的能力，提高了生产线的灵活性和效率。

## （三）IFBOT X3

**产品类型**：太阳能电池板清洁机器人

**制造商**：Suzhou IFbot Intelligent Technology Co.，Ltd.，Suzhou，China

**奖项**：Red dot winner 2022，Best of Best

**产品介绍**：IFBOT X3 太阳能电池板清洁机器人（见图 4-37～图 4-39）是目前市场上最小、最轻的光伏清洁智能机器人，采用独特的旋转操作模式，采用轻量级设备，不需要支持设施，操作简便。IFBOT X3 帮助一个人轻松完成十人的工作量，能够完全解决各种类型和尺寸的光伏模块的清洁问题。通过技术的突破和产品的推出，IFBOT X3 为市场提供了先进的解决方案，并为相关行业的工作效率和安全性带来了显著提升。

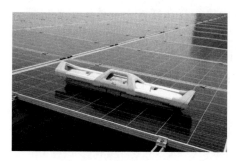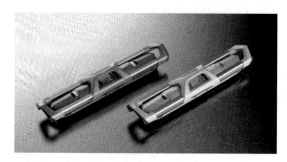

图 4-37　IFBOT X3(1)　　　　　　　　　图 4-38　IFBOT X3(2)

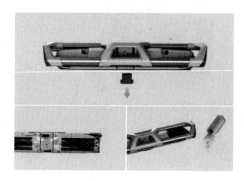

图 4-39　IFBOT X3(3)

**特点**：FBOT X3 是一款光伏清洁智能机器人，它是最小、最轻的机器人，具有独特的旋转操作模式。该机器人采用轻量级设备，无须支持设施，易于操作，能够替代十人的工作量，完全解决各种光伏模块的清洁问题。

## （四）LBR iisy 11

**产品类型**：协作机器人

**制造商**：Kuka Germany GmbH，Germany

**奖项**：Red dot winner 2022，Best of Best

**产品介绍**：LBR iisy 11 是一款直观、易于使用、灵敏、精确的机器人（见图 4-40），开辟了人机协作的新领域。这款机器人是比较传统的协作机器人，它针对狭窄空间应用进行了优化，可用于卸载，包装和组装。

图 4-40　LBR iisy 11

**特点**：考虑到内部线条避免纠缠问题，设备内的供应线布局一致。机器人采用光滑的有机形状，缩回时留有足够的缝隙，以防止被压碎的风险，用户可以手动引导。该机器人的负载能力为 11 千克，范围为 1300 毫米，针对密闭空间的活动进行了优化，包括装载、卸载、包装、可靠的组装和复杂的研究工作。

## ▶ 二、优秀设计师作品赏析

### （一）Marc Raibert

**设计师简介**：Marc Raibert 是麻省理工学院教授，于 1992 年创立著名的波士顿动力公司，在自平衡和跳跃机器人方面实现了重大突破。

**作品**：波士顿动力公司大狗机器人

大狗机器人（见图 4-41~图 4-43）具备以下功能：跋山涉水能力，机器人可以应对崎岖地形，包括爬山和穿越水域；承载重负荷，机器人能够携带较重的货物和物资；高速奔跑，机器人的速度可能超过人类的奔跑速度；环境适应，机器人内部安装有计算机，可以根据环境变化调整行进姿态；自主行进和远程控制，机器人可以自行按照预设的简单路线行进，也可以通过远程控制进行操作。

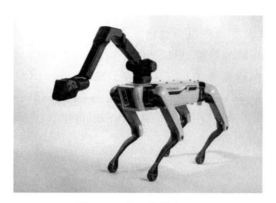

图 4-41　大狗机器人（1）

图 4-42　大狗机器人（2）

图 4-43　大狗机器人（3）

该机器人的设计特点如下：体型和功能类似大型犬，机器人的体型与大型犬相当，可以在战场上执行重要任务，如为士兵运送弹药、食物和其他物资；跨越障碍物，机器人可以跨越一定高度的障碍物；机器人采用带有液压系统的汽油发动机作为动力来源；机器人内部配备特制的减震装置，模仿动物四肢的设计；机器人长度约为 1 米，高度约为 70 厘米，重量约为 75 千克；机器人内部安装有计算机和大量传感器，以实时跟踪位置和监测系统状况；机器人的行进速度可达到每小时 7 千米，能够攀越 35 度的斜坡，并承载重量超过 150 千克的武器和其他物资；机器人既可以自主行进按照预设路线，也可以通过远程控制进行操作。

## （二）赵鸿

**设计师简介**：赵鸿是我国一名优秀的年轻设计师，其作品一贯以科幻与人性之美贯彻始终，设计出的产品充满了未来感。他曾设计了智能驾驶小车和翻译机等明星产品，创造年产值近数十亿。他的设计作品赢得过包括日本优良设计奖 G-mark、德国红点、德国 IF、中国红星奖等在内的多项国内外设计大奖。赵鸿不仅拥有一流的设计能力，更难能可贵的是，他有对设计理论的思考。他自研的设计方法"工业设计 21 大设计形式语言"是用于研究工业产品设计的造型语言理论，让造型设计这一感性活动在一定程度上可以通过有序思维完成，为设计师提升思考能力以及工作快速应对能力起到了一定的指引作用。

**作品**：U-Car 人工智能教学机器人

该产品是为学校以及教育机构作为编程教学使用的实物载体（见图 4-44）。外观件即是结构件，通过对钣金进行巧妙的弯折，形成了一个可在一定程度上扩展或减少组件同时又能兼顾外观需求的框架，且拆装方便。

图 4-44　U-Car

在人工智能飞速发展的背景下，自动驾驶和移动机器人成为改变人们生活方式的重要体现，也是人才缺口最大的专业领域之一。该套件采用了移动机器人最为常见的技术架构和传感器，预留了丰富的传感器接口，开放原理图，读者可以轻松获取点云和图像数据的应用和算法实践，以及嵌入式单片机的开发实践和 PID 算法实践，为读者提供了一个很好的学习人工智能和编程的载体，帮助他们拓展眼界、提升科学兴趣，从而促进学习的多元化。通过低成本高效率的设计，该产品大幅降低了编程机器人的购买门槛，给予更多的读者学习人工智能编程的机会，促进人工智能教学产品的普及。该产品上市后立即被选为中国大学生智能汽车竞赛的官方唯一指定教具。

## 第五节 智能农业类产品

### ▶ 一、行业优秀作品赏析

#### （一）Jardana

**产品类型**：灌溉系统

**制造商**：Elsner Electronics Co.，Ltd. Ostelsheim

**奖项**：IF，disign award 2023

**产品介绍**：Jardana(见图 4-45～图 4-47)是第一个可选择集成到 KNX 建筑总线系统中的灌溉控制器。它由硬件(包括阀门单元和传感器)和应用程序的组合构成，具备适用于智能家居应用程序的现代化格式。该产品的一个主要优势是其控制器可以作为解决方案独立于 KNX 工作。因此，Jardana 为轻松涉足智能园艺领域提供了途径，并以面向未来的方式进行扩展。通过这种方式，它可以为未来几年内实现资源节约的园艺做出持续贡献。

图 4-45　Jardana 灌溉系统(1)　　　　　图 4-46　Jardana 灌溉系统(2)

图 4-47　Jardana 灌溉系统(3)

#### （二）GARDENA ClickUp！

**产品类型**：园林装饰系统

**制造商**：GARDENA GmbH，Ulm，Germany

奖项：Red dot winner 2021

**产品介绍**：GARDENA ClickUp!（见图 4-48）是一种全新开发的灵活花园装饰系统。它允许用户通过点击来轻松更换装饰元素。无论是根据场合、心情还是季节，GARDENA ClickUp! 都提供了多种不同的物品选择，如喂鸟器、火炬或昆虫旅馆。这些功能丰富的装饰附件采用简洁的几何形式语言，非常适合时尚花园设计。作为一种创新的产品解决方案，GARDENA ClickUp! 尤其因其易于操作和吸引人的美学而令人信服。

### （三）成长方块

**产品类型**：智能供水系统

**制造商**：Elecrow，China

**奖项**：IF，disign award 2021

**产品介绍**：成长方块智能供水系统（见图 4-49）设计了四个独立的出水口和四个土壤湿度传感器，可以同时为室内和室外的四种植物提供浇水。系统配备了一个应用程序，可以跟踪植物的生长状况并测量土壤水分，当传感器检测到土壤缺水时，智能浇水模式会自动启动。这是一款能够帮助用户了解植物浇水需求的设备，更重要的是，它可以帮助用户节省时间和水资源。

图 4-48　GARDENA ClickUp!　　　　　　图 4-49　成长方块智能供水系统

### （四）Clever Propagation Pot 系列

**产品类型**：繁殖花盆

**制造商**：Kin Limited Workshop，GB

**奖项**：IF，disign award 2022

**产品介绍**：Clever Propagation Pot 系列（见图 4-50 和图 4-51）旨在通过解决园丁们在种植过程中经常遇到的问题，提升种植体验。该系列采用了独特的设计，巧妙地利用了塑料的柔韧性，创造出一种创新功能，使每个人都能轻松地拔苗。当需要换盆时，只需轻轻按压柔性底座，就可以轻松提起并释放幼苗，而不会损坏叶子和根部。此外，底部还设计有槽孔，便于排水和空气流通，有利于根系的健康生长。该系列产品采用完全可回收的塑料制成，具有耐久性和长久的使用寿命。

图 4-50　Clever Propagation Pot 系列（1）　　　图 4-51　Clever Propagation Pot 系列（2）

## （五）Tiiun

**产品类型**：室内园艺器具

**制造商**：LG Electronics，Red Dot，Seoul，South Korea：2022

**奖项**：Red dot winner 2022，innovative product

**产品介绍**：Tiiun（见图 4-52）室内园艺器具是专为方便在家中种植农作物而开发的。它采用简洁的线条设计，与厨房和其他房间的内部装饰相协调。为了给作物提供理想的生长条件，该设备会自动调整重要设置，如温度、湿度、浇水和光照。这大大减少了所需的工作量，只需定期给水箱加水即可。由于其多功能性，这款室内园艺设备是一种非常高效的产品解决方案，可以满足用户在干净的环境中种植农作物的需求。

图 4-52　Tiiun

## ▶ 二、优秀设计师作品赏析

**设计师简介**：Sejoon Kim 是一名设计师，出生于韩国首尔，目前居住在荷兰。他拥有埃因霍温设计学院情境设计文学硕士学位和弘益大学产品设计文学学士学位。他的作品曾在日内瓦的 Roehrs & Boetsch、意大利米兰的 Salone del Mobile 和荷兰鹿特丹的 Art Rotterdam 展览。

**作品**：Shift PM

Shift PM 是一种可旋转 360 度的农机（见图 4-53 和图 4-54），分为驾驶空间和行李空间两部分。机舱的灰色空间可以用来存储农业工作所需的货物。在改良的小梯田中，机舱可以 360 度旋转，帮助用户从下到上装载农作物。在操作过程中，机舱可以根据使用者的距离进行伸缩，该伸缩原理借鉴了望远镜的结构。后备厢门不仅可以作为装载门，还可以充当托盘，因此可以实现休闲概念。该机舱适用于小型田地种植，可以帮助用户装载农作物。此外，它配备了无人机，可以为用户提供信息并喷洒农药，提高工作效率。当无人机接管任务时，用户可以在基于电池模块的座椅上放松休息。

图 4-53　Shift PM(1)

图 4-54　Shift PM(2)

# 第六节　智能城市类产品

## ▶ 一、行业优秀案例赏析

### （一）智慧城市建设

1. 为市民提供全方位"码上生活"

上海市民的"随申码"是上海市及时利用大数据赋能，创新管理服务方式，为疫情防控和恢复生产生活秩序提供有力支持的一项服务。迄今为止，"随申码"已累计被使用超过 19 亿次，使用人数超过 4000 万人。作为真实有效的电子身份凭证，"随申码"通过连接线上和线下的用户场景，开启了对用户海量数据的综合应用。它能够为市民办理政务服务、参与社会治理以及开展社会活动提供权威、个性化、精准和便捷的信息服务。未来，上海将继续深化先进技术应用,打造信息高度集成的数字化平台,构建面向全社会的开放型应用生态体系,为市民提供互联、泛在和智慧的数字化服务。

### 2. 长三角异地门诊直接结算

长三角地区异地门诊直接结算是为满足日益增长的跨省流动人口异地就医需求而实施的一项政策措施。在此前,老百姓在异地就医时常常面临跑腿和垫支的问题,给他们带来了不便和困扰。2017年,上海医保系统接入了国家异地就医住院结算平台,实现了跨省异地住院费用的直接结算。然而,对于门急诊就医,老百姓仍然需要先行垫付费用,事后报销。为解决这一问题,2018年,上海市医保部门牵头开发和搭建了长三角异地门诊直接结算的信息平台。经过推广,已经全面实现了长三角地区的门诊直接结算。在长三角区域,居民持有医保卡,在任何一家开通异地门诊直接结算的医院就医时,只需支付个人自付部分费用,无须垫付费用,也无须事后回到老家进行费用报销。长三角区域跨省异地就医门诊直接结算是全国首创的,为国家医保局推进全国范围内的异地门诊直接结算提供了一个可推广和可复制的实践路径。

### 3. "AI+教育"智慧云学校

上海市黄浦区卢湾一中心小学正在推进建设的"AI+教育"智慧云学校(见图4-55),是一个以数字化为基础的创新教育项目。该项目旨在提供一个安全适宜的数字校园环境,让学生能够在其中体验与教师共同成长的数字化教学,并形成学生全面发展的数字画像。该学校积极探索信息技术与教育教学的深度融合,通过"AI+教育"智慧云学校项目的建设,采用伴随式无感知的方式收集学生的全方位数据。这些数据用于智能教学支持、行为评测和情感教育辅助,实现学生数据的成长性共享和教学教研的融通。通过生成学生学习画像,学校可以激发学生的兴趣,发现学生的潜质,并指导他们的学习,帮助他们实现个人的价值。此外,该项目还推进个性化情感教育,探索在大规模的教学中因材施教的方法。"AI+教育"智慧云学校的建设旨在为学生提供更加个性化和综合的教育体验,促进他们在数字化时代的学习和发展。

图 4-55 "AI+教育"智慧云学校

### 4. 院前急救系统

传统的院前急救存在通信不便、资源调度效率低下、急救手段单一以及急救信息存储调

图 4-56　院前急救设备

用困难等问题。为了解决这些问题,新的急救车引入了 5G 医疗设备和应急医疗保障平台(见图 4-56)。在新的急救车上,随车医生可以利用 5G 医疗设备对患者进行快速检查,包括验血、心电图、超声等。通过 5G 网络,患者的生命体征信息、医学影像、病情记录以及车内和车前的高清视频图像等数据可以实时传输至医院侧的应急医疗保障平台。利用 5G 网络的超高带宽和超低延时特性,医院侧的急救医生可以实时了解患者的体征信息和车内情况。他们可以通过车载高清视频会议系统与随车医生进行音视频交互,指导其进行正确的抢救措施,从而提高院内医生的诊断效果和质量。医院内的医生可以根据患者的病情快速制订抢救方案并提前进行手术准备,从而缩短抢救响应时间,为患者争取更多的生机。这种基于 5G 网络的院前急救系统极大地提升了急救过程中的通信和协作效率,改善了急救资源的调度和利用,同时提高了抢救的准确性和时效性,为患者提供了更好的医疗救治。

5.“一网统管”

“一网统管”的“上海方案”(见图 4-57)就是用实时在线数据和各类智能方法,及时、精准地发现问题、对接需求、研判形势、预防风险,在最低层级、最早时间,以相对最小成本解决最突出问题,取得最佳综合效应,实现线上线下协同高效处置,把科技之智与规则之治、人民之力更好地结合起来,率先构建经济治理、社会治理、城市治理统筹推进和有机衔接的治理体系。

图 4-57　“一网统管”

作为上海“一网统管”先行区的徐汇区,针对居委会工作者日常工作中应用系统多、线下台账多、反复摸排多和信息获取渠道少、数字化工具少、智能化手段少“三多三少”的核心痛点和难点,通过深度调研和充分试点,借助"云大数智"等新一代技术,依托"一网统管"城运平台,构建了"居村微平台"场景应用。该场景应用打通系统壁垒,运用多屏联动和虚实结合方式,打破了原有线下台账和纯人工摸排的工作模式,一键派发近 6 万个任务,降低了 60%的排摸工作量,整体工作效率提升约 30%,实现了原有居委工作的流程再造,形成了基层治理的新范式。

## (二)新加坡智慧城市建设

新加坡是一个典型的城市国家,早在 20 世纪 80 年代就提出了"智慧岛"计划,并进行了信息化规划和建设。该计划分为三个阶段,每个阶段都有不同的重点和目标。在第一阶段,新加坡实现了机构级别的计算机化,将建筑物和工厂等不同机构进行了计算机化改造,使其成为智慧型建筑物和智慧型工厂。在第二阶段,新加坡着重解决城市信息互联互通和数据共享的问题,消除了"信息孤岛",这个阶段主要集中在行政和技术层面上,以确保城市中的各个部门和机构能够共享信息和进行有效的数据交流。第三阶段旨在推动新加坡在经济和现代服务业领域内信息、通信和科技的快速发展。这个阶段的目标是建立信息与应用整合平台,使新加坡成为重要的经济平台。各个行业都被鼓励采用数字化技术来改变传统经济模式,推动经济转型为知识型经济,提高人们的生活水平,实现社会的信息化。此外,新加坡还提出了"智慧国家 2025"的十年计划,旨在成为全球第一个智慧国家。该计划的目标是通过智慧技术的应用,进一步推动新加坡的数字化和智能化发展,提高国家的竞争力和创新能力。

新加坡一直致力于将科技与社会经济发展相结合,推动信息化和数字化进程,以提升城市的管理效率和居民的生活质量。这使得新加坡成为一个在全球范围内引领智慧城市和数字化社会发展的典范。

### 1. 绿色城市建设

在新加坡,绿化的布局也讲求公平。全国每个大区域都有一大块自然保护区和树林。新加坡在中央、东北、西北等不同区域建立了四个自然保护区,禁止开发,保留原始的热带雨林;在东部和西南部又建立了两个树木保存区,砍伐树木必须经过批准。这些措施使全国每一个大区域都有一大块自然保护区和树林。同时,中心城区和政府组屋区每隔一个小区域都要保留一块空地开辟成小公园,确保绿化分布均匀,这种布局即使整个城市格局均衡有序,又使市民感受到了绿化上的公平。

位于中央商务区的皮克林宾乐雅(PARKROYAL COLLECTION Pickering)凭借其创新的花园酒店概念和多样化节能设计,成为新加坡城市重要的绿色标志(见图 4-58)。这座酒店拥有面积约 1.5 万平方米、楼高四层的繁茂园林、瀑布和花墙。除了多种姿态各异的植物群将酒店院落装点得格外美丽外,这座酒店更是新加坡首家使用太阳能电池供电的零耗能酒店。酒店采用综合性节能节水措施,例如使用光纤、雨水和动作感应器,以及集雨和NEWater(循环系统再用水)。从设计到装潢,这座酒店多以天然素材如黑木材、石砾、玻璃等配搭为设计概念,并用从外透射的日光营造大自然的和谐感。

图 4-58　中央商务区的皮克林宾乐雅

　　新加坡艺术学院(School of Arts,Singapore)是另一个很好的例子(见图 4-59)。学校坐落在 20 世纪传统建筑和现代摩天楼的环绕中,有着巨大惊人的绿色屋顶和覆盖植被的建筑面。在建筑中,一个绿色的切面设计降低了能源的消耗,并且经过空气的过滤提供了一个十分有益的环境,遮蔽了刺眼的阳光和空气尘土,使室内保持清凉的室温,还吸收了交通带来的噪声。建筑顶部被设计成一个可供消遣的空中花园,还连接着一个跑道、树群以及可以观赏的城市全景。在整个建筑物构造的基础部位,人们也能够找到商业用地,沿着这个通道一直到头顶上的悬层,就是一个大型的露天剧场,上面有着古老、巨大的树木,人们在那里进行所有的公共活动。

图 4-59　新加坡艺术学院

2. 公共服务在线方式提供

新加坡在信息技术发展和应用方面一直都处于世界领先地位。新加坡近98％的公共服务已经通过在线方式提供,其中大部分都是民众需要办理的事务。

在"智能城市2025"计划实施中,物联网传感器的应用已经非常广泛,并且大大丰富了各种数据的收集。比如,汽车上安装了传感器,开车经过某条公路发现路面损坏,这时可以非常方便地通过手机定位等电子方式进行报修处理。在机场内的每个洗手间都有二维码,旅客如果发现有设施需要以及有卫生问题,都可通过扫描二维码对该洗手间进行定位,帮助快速解决问题。

3. 信息基础设施

在新加坡,几乎每个人、公司、学校等都能24小时无间断地连接公共设施,每个公共设施和开放空间都与传感器连接,政府可以更好地收集实时数据来帮助居民和游客更容易和更高效的生活。例如,新加坡的房地产和发展局(Housing & Development Board,HDB)正构建"智能环境传感器网络",它能捕获实时温度和湿度等环境因素信息。它能在公共建筑温度和湿度触及临界值时,告知用户。

政府的MyTransport. SG App提供互动地图、交通摄像头和实时信息,是第一个用于公民或访客实时评估选择旅行方式,并对在城市间漫游提供足够信息支撑的应用。火车乘客甚至可以享受非高峰旅游奖励,各种奖励直接转入智能交通卡。

4. 社会公共服务应用

新加坡建立综合医疗信息平台,该平台是基于互联网信息技术建设的新型医疗行业综合信息服务系统。新加坡通过整合医疗信息资源利用传感器、电子记录等多种信息化手段,改变人们传统的就医方式,提升医疗信息共享水平和就医效率。新加坡开发建成Carestream医疗影像信息管理系统,通过该系统,用户可以在任何地方快速地访问影像数据,为集团下属的医院、专科中心与诊所创建一个统一的患者影像档案,以及更好地访问SingHealth和ECHAlliance旗下医院、专科中心和诊所的信息。

信息技术在教育领域中的应用十分广泛。"未来学校"项目把人工智能以及自动在线系统等创新技术应用于教学过程中,实现对课程评估、教学内容和学习资源共享、人力资源开发等信息化处理。新加坡资讯通信发展管理局联合新加坡教育部推出第三代未来教室项目,打造一个融合动力学、4D沉浸技术、语义搜索以及学习分析等20多种新技术在内的智能教室空间。新加坡通过利用资讯通信技术,使学校内部、学校之间,以及学校与外部世界之间的联系更加密切和有效,增强了教育管理的有效性。

5. 城市建设管理应用

新加坡在城市智能交通建设方面推出了多个智能交通系统,连接公交车系统、出租车系统、城市轨道交通系统、城市高速路监控信息系统、道路信息管理系统、电子收费系统、交通信号灯系统等子系统。城市智能交通管理体系的规划和建设大致经历了交通管理系统整合、公共交通系统整合、智能交通体系建设三个阶段,实现了对城市交通建设的智能化管理,为出行者和道路使用者提供方便和便捷,同时更注重车辆的最佳行驶路线、繁忙时间的道路控制、公共交通的配合和衔接,为高密度的人流和车辆提供优质的服务。

新加坡城市公共安全监管体系规划将整个城市综合安全防范与治安监控的整体技术性能和自动化、多功能的协同联动响应能力作为其基本要求,同时重视城市公共安全管理在信息层面上的执行和运作过程。新加坡建立统一的城市公共安全信息平台,通过实时监测城市公共安全运行情况,实现对影响城市公共安全事件的快速发现、实时响应、协同处置的统一监管、信息集成、高效协同指挥,并将城市公共安全各单一业务及监控系统进行网络融合、信息交互、数据共享。

此外,新加坡在路灯和公交车站等室外公共场所部署与光纤相连的技术设备,该设备与具有监测空气污染情况、雨量或交通堵塞情况等功能的传感器相连,通过传感器发回的信息方便工作人员采取措施,达到监测环境质量和清淤的目的。新加坡当局研发出能够报告垃圾桶是否装满垃圾的传感器以及发现并提醒乱丢垃圾者捡起垃圾的摄像头,这种带有语音提示的传感器和摄像头对增强市民环境保护的自觉性有很大的帮助。新加坡充分利用海浪发电、太阳能光伏发电等再生清洁能源并网供电,极大地节省了发电能耗。

## ▶ 二、优秀设计公司作品

### (一)帕特里克·亨利村城市规划

**设计方**:荷兰规划与设计公司 KCAP

**项目介绍**:荷兰著名建筑规划事务所 KCAP 规划的帕特里克·亨利村(Patrick-Henry Village,PHV)城市更新项目,该村落位于德国海德堡,是海德堡最大的改造区,占地面积约为 1 平方千米(见图 4-60)。

图 4-60　帕特里克·亨利村

**项目背景**:位于海德堡的帕特里克·亨利村于 1947 年建立,是美国陆军在海德堡的驻军基地,其配套设施和当时其他规划相比,非常齐全,配套的建筑与公共设施包括教育、娱乐、餐饮、商店及公共交通、公共管道等。但是,2002 年美军宣布关闭海德堡驻军基地设施,并逐步撤离,2012 年左右,该村落基本废弃。然而,这个废弃的场地中保留了美军当年建设的各类公共设施,作为占地约 1 平方千米的大型空间,这里曾经最多有 8000 多名居民在此居住。

设计方案:荷兰著名规划与设计公司 KCAP 对场地进行了规划设计并将诸多可持续及未来智慧城市的概念融入规划之中。PHV 村落的改造将作为欧洲智慧城市的典范,同时兼顾历史保护、可持续发展等多方面的要点与要素。为了在城市设计、基础设施及建筑方面对场地原有历史进行保护和尊重,在规划方面,项目制定了城市由内而外的设计原则,保留原有的成排建筑、花园别墅的街道格局,并形成"花园城市"的格局(见图 4-61)。

图 4-61    原有成排建筑、花园别墅将被保留并成为花园城市的格局

场地的规划提供了现代化的生活与工作环境、创新的开放空间与移动概念,以及可中和的能源供应。在道路设计上,原有的环路被保留,并且将其用于公园的环路,并在无停车的环境中提供步行友好的理念(见图 4-62)。

### (二)重庆礼嘉悦来智慧园(智慧名城风景眼)区域协同规划

设计方:广州市城市规划勘测设计研究院、Aedas、佳都新太科技股份有限公司

项目介绍:在重庆礼嘉悦来智慧园区域协同规划设计国际方案竞赛中,该项目以"超级脑、山水脊、乐享城"为整体规划策略,聚焦智慧产业、智慧空间、智慧场景三大重点方向,为新阶段的智慧城市发展提供全新范式方案,赢得竞赛第一名。

项目背景:重庆是全国领军的智慧城市,位于两江新区的礼嘉悦来智慧园正是川渝智慧扇面的地理中心,作为重庆创新轴与智慧轴交汇的核心,它周边汇聚了丰富的智慧产业组

图 4-62 道路设计

团。片区规划面积约 49 平方千米,毗邻嘉陵江,拥有绵延 30 千米的岸线,江峡相拥,山台相望。

**设计方案:**团队从自然与人本出发,将智慧科技与山水营城相结合,提出"超级脑、山水脊、乐享城"的设计策略,以构建科技、生态、人文三重示范的全域沉浸式智慧空间。

"历经迭代,智慧城市已进入全新发展阶段,以城市规划建设的全面数字化和城市场景的全面智慧化将成为设计探索的重点。重庆是一座拥有深厚历史文化积淀的城市,我们希望以场景导向打造具有地域特色的智慧城市框架,以重庆智慧大脑为目标,打造新一代全球智慧名城。"Aedas 执行董事说。智慧大脑是决定智慧城市发展水平的重要核心,设计提出四项重点"智慧大脑、智享单元、快线智网、低碳示范",将智慧大脑与城市场景全面结合,基于"四横三纵"的超级智慧大脑总体框架,以快线智网连通各智享单元,形成低碳示范下的智社交、智生活、智经济、智产业的全域智慧空间(见图 4-63)。

图 4-63 智慧大脑与城市场景全面结合的全场域智慧空间

**思考题**

1. 在这些产品设计案例中,你觉得最引人注目的是什么? 为什么? 它们有哪些独特的设计元素或创新的理念?

2. 这些产品设计过程中有哪些共同的原则或方法? 它们是如何在设计中平衡功能性、美学和用户体验的?

3. 这些产品在哪些方面考虑了可持续性和环保因素? 在哪些方面体现了对环境的关注和责任?

4. 这些产品设计中如何结合市场需求和用户洞察? 如何了解和满足不同用户群体的需求?

5. 如果你是产品设计师,你会如何进一步改进或创新这些产品?

# 参 考 文 献

[1] 罗仕鉴,邹文茵.服务设计研究现状与进展[J].包装工程,2018,39(24)：43-53.

[2] 车阿大,林志航.产品设计中获取用户需求的研究及软件系统的开发[J].机械设计,1999(1)：21-23,48.

[3] 阎楚良,杨方飞,张书明.数字化设计技术及其在农业机械设计中的应用[J].农业机械学报,2004(6)：211-214.

[4] 覃京燕.人工智能对交互设计的影响研究[J].包装工程,2017,38(20)：27-31.

[5] 杨楠,李世国.物联网环境下的智能产品原型设计研究[J].包装工程,2014,35(6)：55-58,68.

[6] 李雪亮,巩淼森.移动互联网视角下老年人智能产品服务设计研究[J].包装工程,2016,37(2)：57-60.

[7] 崔天剑,徐碧珺,沈征.智能时代的产品设计[J].包装工程,2010,31(16)：31-34.

[8] 曾栋.面向用户体验的产品造型设计流程研究及应用[J].现代制造工程,2012(9)：43-47.

[9] 邢袖迪.智能家居产品[M].北京：人民邮电出版社,2015.

[10] 张宇红.产品系统设计[M].北京：人民邮电出版社,2014.

[11] 何晓佑,刘宁,张凌浩,等.设计驱动创新发展的国际现状和趋势研究[M].南京：南京大学出版社,2018.

[12] 腾讯研究院,中国信息通信研究院互联网法律研究中心,腾讯 AI Lab,腾讯开放平台.人工智能[M].北京：中国人民大学出版社,2017.

[13] 周志敏,纪爱华.人工智能[M].北京：人民邮电出版社,2017.

[14] 许继峰,张寒凝,崔天剑.产品设计程序与方法[M].南京：东南大学出版社,2013.

[15] 陈国嘉.智能家居[M].北京：人民邮电出版社,2016.

[16] 陈绘.数字时代视觉传达设计研究[M].南京：东南大学出版社,2013.

[17] 黄秋野,周晓蕊.互动媒体设计[M].南京：东南大学出版社,2011.

[18] 陶薇薇,张晓颖,石磊,等.人机交互界面设计[M].重庆：重庆大学出版社,2016.

[19] 唐家路,张爱红.中国设计艺术原理[M].济南：山东教育出版社,2018.

[20] 克里斯蒂安妮·保罗.数字艺术：数字技术与艺术观念的探索[M].李镇,彦风,译.北京：机械工业出版社,2022.

[21] 迈克尔·伍尔德里奇.人工智能全传[M].许舒,译.杭州：浙江科学技术出版社,2023.

[22] 王远昌.人工智能时代：电子产品设计与制作研究[M].成都：电子科技大学出版社,2023.

[23] 白藕.新时代文创产品设计[M].北京：清华大学出版社,2023.

[24] 刘旭,蒲大圣,孙自强.产品设计原理——突破固有思维[M].北京：清华大学出版社,2015.

[25] 谷建阳.元宇宙：发展简史＋技术案例＋商业应用[M].北京：清华大学出版社,2022.

[26] 徐钢,唐玲,岳茜.元宇宙技术与产业：人类数字迁徙之路[M].北京：清华大学出版社,2022.

[27] 郑维明.智能制造数字化建模与产品设计[M].北京：机械工业出版社,2021.

[28] 厉向东,彭韧.产品设计创意与技术开发[M].北京：人民邮电出版社,2017.

[29] 中国科学院科技战略咨询研究院课题组.数字科技：第四次工业革命的创新引擎[M].北京：机械工业出版社,2021.

[30] 何人可.工业设计史[M].4 版.北京：高等教育出版社,2019.